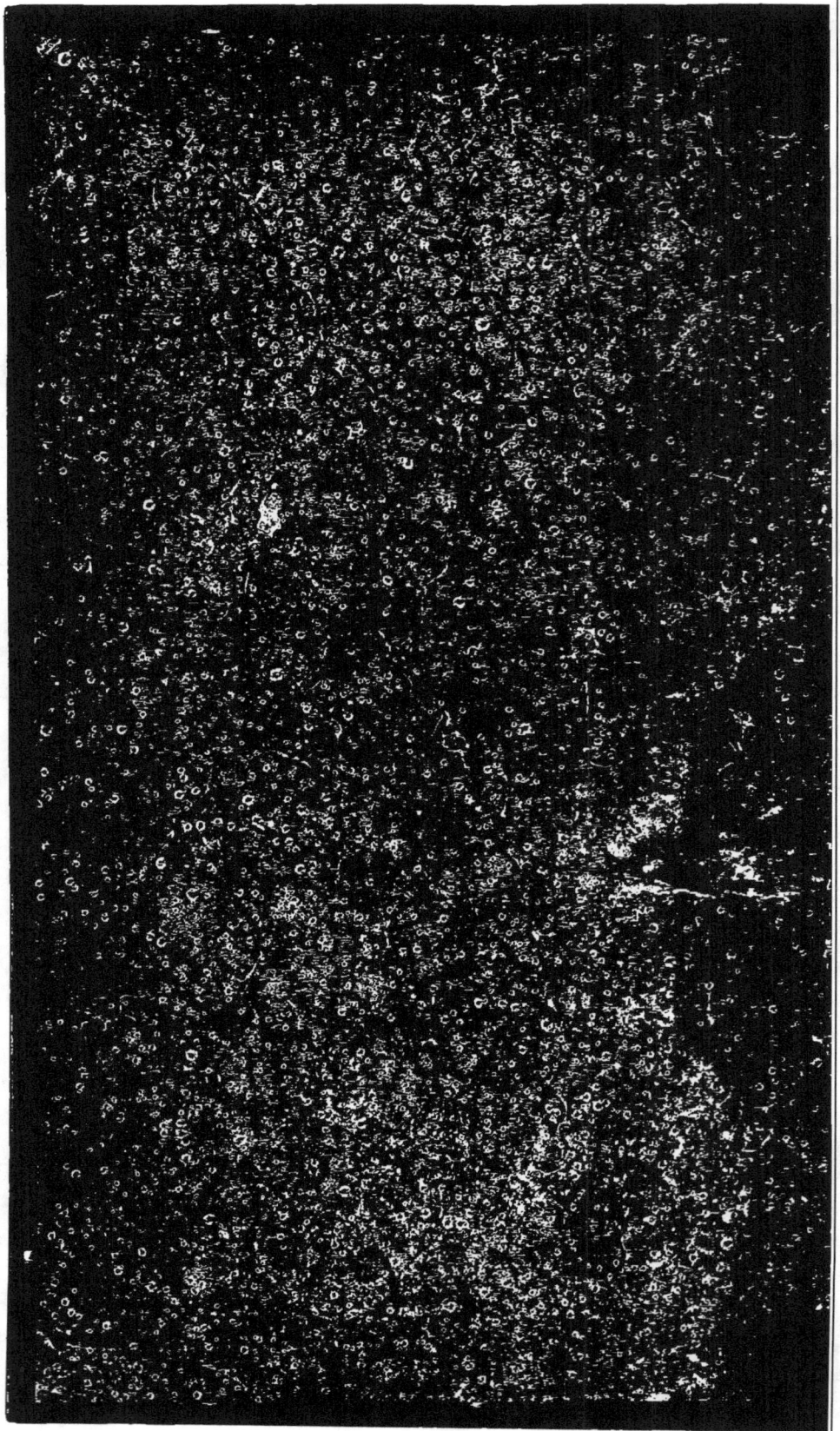

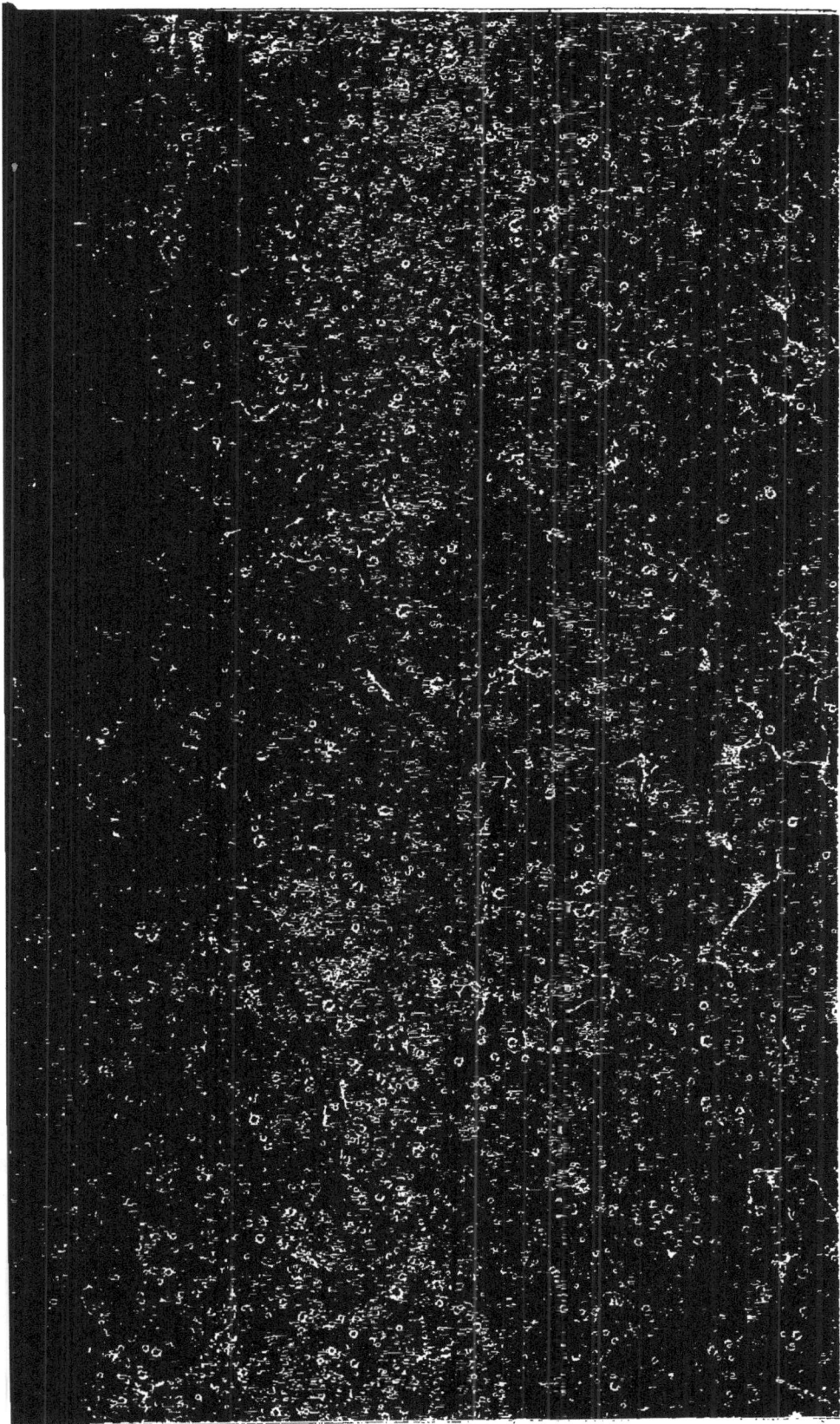

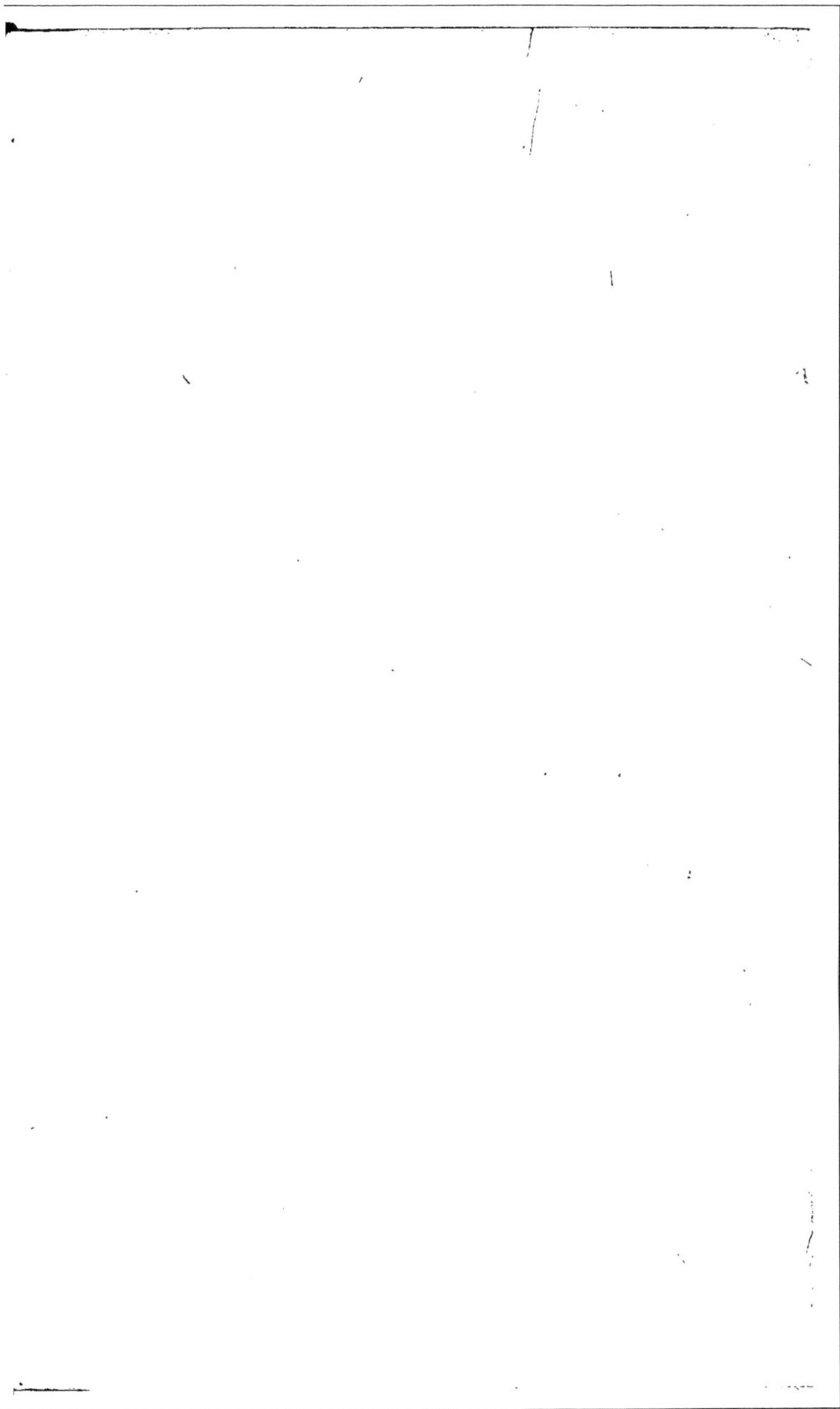

2/9570

ÉTUDES

SUR LES

DÉPOTS MÉTALLIFÈRES;

PAR

M. J. FOURNET,

DOCTEUR ÈS-SCIENCES, PROFESSEUR DE MINÉRALOGIE ET DE GÉOLOGIE
A LA FACULTÉ DES SCIENCES DE LYON.

« L'utilité des mines ne se borne pas
« uniquement à extraire du sein de la terre
« des substances utiles : semblables en cela
« à la navigation, elles ont contribué à faire
« naître et à étendre les sciences qui leur
« servent de guide. »

ÉLIE DE BEAUMONT, *Coup d'œil sur les
mines.*

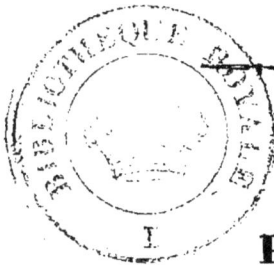

PARIS,

Chez F. G. LEVRAULT, rue de la Harpe, n.° 81 ;

STRASBOURG,

Même maison, rue des Juifs, n.° 33.

1834.

STRASBOURG, DE L'IMPRIMERIE DE F. G. LEVRAULT.

ÉTUDES

SUR

LES DÉPOTS MÉTALLIFÈRES.

———◆———

INTRODUCTION.

Les métaux étant devenus pour l'homme des objets de première nécessité, il dut attacher dans tous les temps et dans tous les lieux, une grande importance à la possession de leurs réceptacles. C'est à l'étude de leurs gisements, de leur liaison avec les substances voisines et de leurs rapports avec certains accidents du sol encaissant, que la géologie doit sa naissance.

D'un autre côté, comme les métaux ne se trouvent que très-rarement à l'état de pureté, il fallut, pour les rendre applicables à nos besoins, examiner les mélanges par lesquels leurs propriétés étaient masquées, inventer les moyens de les débarrasser de leurs superfluités, les enchaîner à de nouveaux corps, en tirer des combinaisons douées de propriétés particulières, et, en un mot, poser les bases des branches les plus essentielles de la chimie.

Non content de ces déductions directes,

l'esprit humain, jetant un regard sur le passé, voulut encore remonter aux causes de formation, et émit des théories géogéniques en s'appuyant sur les deux sciences précédentes, créées par l'art des mines; elles éprouvèrent toutes les vicissitudes que leurs bases ont subies. Leur nombre ne doit donc pas nous étonner; mais, loin de s'effrayer de ces revers, il faut observer d'un autre côté que pendant ces mouvements alternatifs qui ont effacé bien des idées, il s'est aussi accumulé une quantité considérable de faits positifs, qui eussent passé inaperçus sans le jour que les théories ont jeté sur eux et que, ballottés de part et d'autre, ils parviennent, en vertu de cette vibration prolongée, à se grouper peu à peu, suivant des lignes régulières, qui donnent enfin prise au calcul; c'est alors que, possédant les lois qui lui permettent de prévoir les faits, la science marche avec hardiesse.

La géologie arrive à ce degré de perfection quant à sa partie mécanique; mais il est malheureusement loin d'en être de même pour sa partie chimique. Les phénomènes de réaction moléculaire qui ont accompagné les grandes perturbations du sol, sont d'un ordre tellement élevé, l'influence du temps et l'action toute-puissante des masses y jouent un rôle si immense, qu'il dépasse tout ce que nos ateliers les plus considérables ont pu nous faire concevoir, et ce qui augmente encore l'embarras dans ce genre de recherches, c'est la difficulté qu'il y a de bien observer dans les travaux souterrains : cet obstacle a été souvent nuisible aux observateurs, et la nature, qui paraît tout faire pour attirer les regards du géologue sur la surface de la terre, semble au contraire s'attacher à le repousser du moment qu'il cherche à en sonder la profondeur. En cela les dangers qui accompagnent les travaux de l'exploitation ne sont que le moindre des inconvénients ; il faut en outre s'habituer à discerner les substances diverses au travers d'une atmosphère que la clarté de la lampe traverse à peine, et ce qui est bien plus difficile encore, se munir d'une infatigable persévérance pour suivre pas à pas le mineur, qui, par son travail, efface les faits à mesure qu'il les met en évidence.

Nous avons dû entrer dans ces développements parce qu'ayant à parcourir une carrière féconde en hypothèses, il fallait indiquer nettement notre position et faire voir que d'ailleurs nous ne sommes pas sous l'influence absolue d'illusions systématiques qui nous porteraient à considérer comme des faits positifs ce qui n'est encore que dans le vague des conjectures. En un mot, nous le disons d'avance avec Valmont de Bomare : « L'étude des secrets de la nature dans les entrailles de la terre est sans doute la plus hardie, mais aussi la plus belle et la plus élevée. La matière y est vaste; le travail s'y fait en grand; l'ouvrage frappe les yeux, ravit d'admiration; *mais la main de l'ouvrier est invisible.* »

Cependant aussi, comme les théories qui ont un objet raisonnable sont des approximations de la vérité et des pas faits vers la science positive, nous nous trouvons en quelque sorte encouragé dans notre tâche, et puissent les illustres géologues, qui de nos jours ont fait faire à celle-ci de si rapides progrès en signalant l'immense influence que les actions chimiques ont exercée dans les grands phénomènes de la nature, reconnaître qu'au moins nous nous sommes toujours tenu dans les bornes de la vraisemblance.

De toutes les parties de la géologie, aucune, sans contredit, n'a occasioné plus de divergence dans les opinions que la formation des dépôts métallifères, et tandis que nous voyons les théories sur l'ensemble de structure du globe osciller entre un petit nombre de systèmes généraux, la voie aqueuse et la voie ignée, et entre les hypothèses basées sur les actions prolongées des causes que nous voyons agir journellement en opposition avec les convulsions subites et périodiques qui en ont modifié la surface, la constitution des filons, au contraire, en a produit une multitude; c'est qu'aussi les phénomènes se compliquent à mesure que l'on descend aux détails, et qu'alors, tout en rentrant dans les grandes

hypothèses géogéniques, les idées ont dû nécessairement se subdiviser en autant de branches que la cause primitive pouvait se prêter
à des applications diversès. Ainsi, pour céux
qui admettaient la formation ignée de la terre,
il leur était tout aussi facile de concevoir les
filons comme étant des produits de fusion que
de vaporisation ou de liquation. Si, au contraire, la formation aqueuse dominait dans
l'esprit des observateurs, alors ce furent tantôt des eaux superficielles, tàntôt des eaux
intérieures qui produisirent les dépôts, soit
mécaniquement, soit par cristallisation, soit
par précipitation chimique. Suivant d'autres,
ces mêmes eaux, s'infiltrant dans les roches
voisines, s'y chargeaient de particules minérales, qu'elles déposaient dans les filons par
transsudation.

Ajoutons à cela les phénomènes électro-chi-
miques résultant du contact d'une multitude
de roches variées, et l'on aura un aperçu des
diverses ressources que le génie humain a ap-
pelées à son aide pour appuyer ses théories.

Nous examinerons successivement ces diverses hypothèses, et nous en prendrons ce
qu'il y aura de réel ou au moins de plus rationnel; car il faut le remarquer dès à présent, ces théories ont toujours été basées sur
des observations positives, qui ont été tout
simplement trop généralisées par une application de faits locaux, étendue d'une manière

outrée à tout l'ensemble de l'étonnante variété
des phénomènes que présentent les gîtes métallifères.

Aux opinions établies sur des réalités, s'est
réunie une autre classe d'idées presque totalement effacée de nos jours; mais qui domina
puissamment dans son temps; nous voulons
dire celles qui faisaient la base de l'alchimie.
Suivant les adeptes de cette science, la transmutation des terres en métaux, leur matura-
tion par les influences sidérales et astrologi-
ques, leur épuration successive par des
fermentations et des coctions prolongées, l'in-
tervention d'un principe mercuriel, de terres
subtiles, de parties arsénicales, sulfureuses et
bitumineuses, de matières salines, etc., jouent
un grand rôle dans le phénomène de la production des métaux dans le sein de la terre.

Les principaux auteurs qui ont écrit dans
ce sens, furent Utmann d'Elterlein, Mayer,
Löhneiss, Barba, et plus récemment encore
le célèbre Trébra, en 1785, tellement les idées
des adeptes s'étaient profondément enraci-
nées; voici, au reste, ses propres expressions:
«La fermentation peut changer encore les
pierres quartzeuses en pierres argileuses; les
substances calcaires en quartz; la masse des
rochers en matières combustibles, sels, et
même les disposer à devenir les minérais des
métaux et demi-métaux. Je lui attribue encore la propriété de pouvoir produire, en-

tretenir et continuer à former ces gîtes et couches de minéraux dans les montagnes primitives et même secondaires. J'ajoute enfin que le choc que les eaux exercent en se frayant un chemin du haut vers le bas des rochers, et que tant de causes modifient de plusieurs manières, me paraît être la cause d'une plus grande activité de la fermentation dans certains points particuliers de la montagne. »

On conçoit combien il serait inutile de s'attacher actuellement à réfuter de pareilles hypothèses, soutenues non-seulement sans aucune preuve, mais encore sans autre probabilité que celles très-incertaines sur lesquelles l'alchimie était basée.

Il faut mettre au même rang la nécessité d'une matrice incluse dans le sein des roches, laquelle, après avoir subi diverses actions préparatoires, devient propre à engendrer les minérais.

Ces matrices, comme on doit le concevoir d'après les idées de leurs inventeurs, ne pouvaient pas occuper des positions quelconques, ni se multiplier indifféremment; autrement nous verrions des montagnes entières se transformer spontanément en minérais : cela n'avait lieu que dans les parties assujetties à certaines directions, et dont la nature différait déjà du reste de la roche, avant leur transformation en minérais ; elles consistent ordinairement en pierres décomposées et friables, passant à l'état terreux, préliminaire de la transformation en métal.

Ces détails, dans lesquels on entrevoit quelque chose de relatif aux filons argileux, connus des mineurs assez généralement sous le nom de *filons pourris*, qui accompagnent assez ordinairement les filons productifs, ont été développés principalement par Hoffmann et Zimmermann, en 1725 et 1741.

Patrin est aussi porté à admettre une sorte d'organisation dans l'écorce de la terre; et d'après cette idée il considère les filons métalliques comme une sorte de *carie* qu'éprouvent les couches de la terre, et il pense que les plus puissants filons ont commencé d'une manière insensible, et que leur accroissement s'est opéré progressivement de même que la carie des os des animaux et du tissu ligneux des arbres.

Dans les uns comme dans les autres, une fois que le foyer de décomposition s'est établi, tous les fluides qui viennent y aboutir par l'effet de la circulation, y contractent, par assimilation, les propriétés de ce premier ferment. Ces fluides, destinés à la nutrition de la partie malade, changent totalement de nature et acquièrent un degré prodigieux d'exaltation; et pour qu'on ne soit pas révolté de le voir considérer ces métaux, ces idoles si révérées par la cupidité des hommes, comme le produit d'une maladie de la terre, il rap-

pelle le caractère corrosif et délétère qu'ils
manifestent dès qu'ils sont dans un grand état
de division; ce qui ne justifie que trop à ses
yeux la triste origine qu'il leur attribue.

Nous rangerons ici une opinion tout aussi
singulière, qui a été travaillée surtout par
Lehmann, en 1735; elle mérite d'autant mieux
d'être rapportée ici, qu'elle n'est pas sans importance, encore de nos jours, aux yeux de
certaines personnes.

Cet auteur considère les filons comme étant
les branches et les rejetons d'un énorme tronc
placé dans le sein de la terre et vraisemblablement à une profondeur telle que nous
n'avons pas encore pu y atteindre. Les filons
puissants en sont les branches principales; les
veinules et les filets en sont les rameaux.

«Ce que je dis, ajoute-t-il, ne doit pas paraître incroyable, si l'on vient à réfléchir
que, d'après toutes les observations, la nature
tient dans le sein du globe un atelier et sa
fabrique de métaux; que de temps immémo-
rial elle y en travaille et élabore les parties
primitives; que ces parties s'élèvent ensuite
sous forme de vapeurs et d'exhalaisons jusqu'à la surface du globe par le moyen des
fentes, à peu près comme la séve s'élève et
circule dans les végétaux, à l'aide des vaisseaux
et des fibres qui les composent.»

Toute dénuée de réalité que soit cette explication, elle se trouve néanmoins, et par une

coïncidence vraiment remarquable, assez répandue parmi une certaine classe d'exploitants, malgré les connaissances positives que
leur genre de travail aurait dû leur faire
acquérir; elle paraît leur être venue naturellement, et la cause doit en être, selon
toute apparence, rapportée aux dénominations dont se servent les mineurs qui, dans
leur langage habituel, désignent d'une manière figurative les filons latéraux et les
croiseurs par les mots de *branches latérales,*
d'*embranchements,* de *ramifications* d'un filon,
et ces mots, pris dans leur expression vul-
gaire par les spéculateurs, leur font supposer
naturellement l'existence d'un tronc branchu,
auquel il faut arriver pour trouver la masse
principale, l'amas de toutes les richesses qu'ils
supposent ordinairement inclus au milieu des
montagnes; mais de quoi s'étonner quand on
voit que l'art du tourneur de la baguette di-
vinatoire et la propriété que possède cet ins-
trument de faire découvrir les filons et les
sources cachées, ont encore leurs croyants.

Laissant enfin de côté ces rêves de l'esprit
humain, nous passerons directement aux faits
qui peuvent offrir prise à l'étude, et nous
allons poser les notions préliminaires qui nous
seront nécessaires par la suite.

CHAPITRE I.er

Notions préliminaires.

SECTION I.re

Généralités sur les divers modes de structure des masses minérales.

Les naturalistes qui ont observé les diverses masses minérales dont l'ensemble constitue l'écorce du globe, ont pu se convaincre qu'elles se groupaient suivant deux modes de disposition ou de structure générale.

Dans le premier mode, elles sont divisées en assises plus ou moins nombreuses, superposées les unes aux autres d'une manière régulière pendant un certain espace, qui peut être suivi d'une nouvelle série, dont les divers termes, quoique concordants entre eux, sont néanmoins discordants avec la précédente, quant à l'inclinaison et à la direction. Ces assises sont très-souvent homogènes entre elles et portent au moins l'empreinte d'une formation analogue en ce qu'elle s'est toujours constituée par voie de dépôt, soit mécanique, soit chimique.

Dans le second mode, au contraire, nous ne trouvons aucune trace de ces circonstances de sédimentation. La force de cristallisation en a façonné le plus souvent la texture, et les

roches de cet ordre sont ordinairement interposées dans des ouvertures formées parmi
les strates précédents, auxquels rien ne les
rattache directement. En un mot, tout fait
naître en elles l'idée d'une masse étrangère,
produite par des causes différentes de celles
qui ont agi lors de la formation des masses
stratifiées environnantes.

De là l'importante distinction établie de
nos jours dans la géologie entre les terrains
stratifiés et les terrains non stratifiés. Certaines
couches des premiers sont métallifères, et les
filons et amas rentrent dans la dernière catégorie.

Or, les limites dans les dimensions et la
forme des deux sortes de terrains n'ont rien
de déterminé en général. Dans ceux stratifiés
on passe insensiblement des formations plus
ou moins contournées qui couvrent des régions entières, à celles qui ne font que remplir
des bassins largement limités et de ceux-ci aux
dépôts purement locaux, dont l'œil embrasse
du premier coup toute l'étendue superficielle.
De même dans ceux non stratifiés nous avons
en dimension rectiligne des chaînes entières
de montagnes, des remparts énormes, des
murailles, puis de simples filets, ou bien,
quand ces masses affectent à peu près autant
de largeur que de longueur, on voit des pla-
teaux, des cônes, des amas, et enfin de simples
rognons, nœuds ou nodules.

Dans ce passage insensible du grand au petit, on éprouve un premier embarras pour fixer les dénominations : il s'accroît encore quand on vient à observer que des masses étrangères, pareilles à celles qu'on observe dans les terrains stratifiés, se sont établies à leur tour dans les terrains non stratifiés et ont joué, par rapport à ces derniers, le même rôle qu'ils ont eux-mêmes joué par rapport aux terrains stratifiés.

Enfin, le comble de la confusion résulte de la présence de masses qui, par leur nature, se rattachent évidemment aux terrains non stratifiés, et qui, par anomalie ou par accident, viennent s'intercaler par épanchement entre les bancs d'un terrain stratifié, en s'astreignant à en suivre d'ailleurs presque toute l'allure.

Cependant, comme il est nécessaire d'arrêter les idées sur quelque chose de fixe, nous nous contenterons d'avoir fait sentir les difficultés qui résultent de la généralisation complète des faits, et nous distinguerons, quant aux formes essentielles, sous les noms de *bancs* et d'*amas transversaux*, les masses qui sont en rapport intime avec les terrains stratifiés, et en *filons*, *dykes*, ou en *amas*, *culots*, *Stockwerks*, celles qui rentrent dans la classe des terrains non stratifiés; enfin, sous les noms de *veines*, *veinules*, *rognons*, *nœuds* et *nodules*, les dépôts communs aux deux modes de formation et dont le rôle est comparativement peu important.

Précisons actuellement ces dénominations :

Le nom de *bancs* a été réservé plus spécialement, par M. de Bonnard, aux couches métallifères qui sont contemporaines au terrain encaissant et parallèles à ses autres assises (fig. I) : c'est en cela qu'ils diffèrent des filons, qui coupent ordinairement la stratification au lieu de lui être parallèles; ils en diffèrent encore en ce qu'ils présentent ordinairement une masse homogène, qui ne renferme pas cette grande variété de minéraux que l'on rencontre dans les filons. On y rencontre rarement des druses et autres vacuoles qui sont tapissés de cristaux; ils ne sont pas divisés, comme un grand nombre de filons, en deux moitiés symétriquement composées; ils ne présentent point ces ramifications, ces croisements et ces rencontres, qu'on observe si fréquemment dans les autres, et, enfin, ils n'ont en général d'autres limites que celles mêmes de la formation encaissante.

Ces caractères, tout négatifs qu'ils soient pour la plupart, sont cependant importants, en ce qu'ils dérivent essentiellement du mode même de formation.

L'*amas transversal* de M. de Bonnard, ou le *Stehenderstock* de Werner (fig. II), serait une couche considérablement renflée, qui formerait ainsi un amas souvent lenticulaire et parallèle, jusqu'à un certain point, avec la stratification des roches encaissantes;

mais cette sorte de gîte est fort rare, son existence n'est pas même bien positivement prou-
vée, et elle semble d'ailleurs en désaccord
avec les idées les plus naturelles que nous
pouvons nous former sur le mode de structure des dépôts par sédimentation.

Les *filons* sont des masses minérales non stratifiées, de forme à peu près tabulaire, c'est-à-
dire, dont l'étendue, en hauteur et en longueur, est beaucoup plus grande que celle en
épaisseur. Ils *coupent* presque toujours un
terrain ou une masse quelconque de roches,
au moins dans une partie de leur cours, et ils
sont d'une nature ou d'une structure différente de celle des terrains qu'ils traversent.

Quand ils coupent les terrains stratifiés sous
des angles prononcés (fig. III), on les reconnaît aisément; mais quand ils en suivent la
stratification (fig. IV), il n'est plus possible de
les distinguer autrement que par la différence
de composition, leur analogie avec celle de
filons bien reconnus, et quelquefois encore
parce qu'au bout d'une certaine durée de direction commune, on aperçoit, soit en hauteur, soit en longueur, des déviations ou des
anomalies de la part du filon. C'est ainsi, par
exemple, que, quand les strates d'une formation qui étaient accompagnées d'un pareil
filon, viennent à s'interrompre contre les
strates d'une autre formation, le filon continue sa marche au travers de celles-ci (fig. V),

ou bien il s'infléchit à leur rencontre pour en suivre la direction nouvelle (fig. VI). Dans d'autres cas, enfin (fig. VII), après avoir quelque temps suivi la direction des strates, il s'en écarte brusquement, pour en affecter une totalement différente. Ces sortes de filons ont été spécialement désignés sous le nom de *filons couches.*

La distinction est loin d'être toujours aussi facile, quand on passe aux filons qui sont inclus dans les terrains non stratifiés, surtout s'ils sont de même nature que la roche encaissante, comme c'est souvent le cas. Ainsi les granites renferment fréquemment des filons granitiques. La texture seule devient quelquefois dans ce cas le caractère distinctif.

Quelquefois un filon ne coupe aucun terrain, mais ne fait que suivre les contours de deux formations différentes, et les sépare ainsi l'une de l'autre ; telle serait par exemple la masse *A B* (fig. VIII), qui est interposée entre un granite *G* et un schiste *P*. Ce cas fausse la définition que nous avons posée, puisqu'il n'y a pas d'intersection, ni dans l'une ni dans l'autre formation ; et comme aussi d'un autre côté ces filons constituent une classe à part extrêmement importante, puisque les gîtes les plus puissants rentrent en général dans cette cathégorie, nous croyons devoir en faire un ordre spécial sous le nom de *filons de contact.*

Les *dykes* sont des filons de matières volcaniques, qui sont quelquefois saillants à la surface du sol, en forme de murs, sur des étendues plus ou moins grandes.

Les *amas* sont aussi, comme les filons, de grandes masses minérales non stratifiées, mais de figure irrégulière, ordinairement arrondie ou ovale; ils forment quelquefois une saillie sur la surface du sol et constituent souvent dans ce cas de véritables montagnes à cause de leur puissante extension (fig. IX).

Les *culots* sont spécialement des amas de matières volcaniques, qui affectent assez généralement des formes coniques plus ou moins abruptes, et privés d'ailleurs des pouzzolanes, des cendres, des coulées de laves, qui accompagnent les buttes volcaniques ordinaires.

On désigne plus particulièrement sous le nom de *Stockwerck,* un amas d'une roche quelconque, dans lequel de nombreuses veinules métalliques sont séparées par des parties interposées de la roche encaissante : ce sont des amas pénétrés et traversés dans toutes les directions par une quantité de petits filons (fig. IX).

On a quelquefois confondu avec les amas les *mines en sac,* qui ne sont autre chose que ces grottes ou cavités profondes, si communes dans les pays calcaires, et qui ont été remplies, par infiltration ou par d'autres causes, d'un dépôt minéral, qui consiste presque toujours en fer hydraté (fig. X).

Les terrains stratifiés, comme ceux non stratifiés, sont encore entrecoupés de *veines* ou *petits filons*, qui semblent être un diminutif des filons, en ce qu'ils sont, comme ceux-ci, des masses minérales minces et alongées; mais ils se bornent à suivre l'étendue d'un fort petit nombre d'assises des formations qu'ils traversent. Souvent même ils sont limités par une seule d'entre elles, et ne dépassent pas le bloc où ils ont pris naissance.

Les *veinules* sont encore plus petites et plus irrégulières que les veines; elles serpentent souvent dans divers sens : c'est ce caractère qui avait porté Werner à les désigner sous le nom de *Schwärmer* ou *serpenteaux*. On en a de fréquents exemples dans les marbres colorés. Un filon principal peut être lui-même composé de veines et de veinules.

Les *rognons* sont des amas très-petits, qui se trouvent disséminés dans les masses de roches; ils jouent quelquefois, par rapport à un filon, le rôle que les veines jouent dans un Stockwerk. Un filon qui se compose ainsi en quelque sorte d'une série de rognons, prend le nom de *filon en chapelet ou à rognons*.

Enfin les *nœuds* ou *nodules* sont des masses sphéroïdales encore plus petites que les rognons. On a de fréquents exemples dans la plupart des roches bulleuses; ils sont rarement le produit d'une grande action chimi-

que, à moins d'être contemporains à la roche encaissante. Un filon peut en être composé en majeure partie.

SECTION II.

Nomenclature des diverses parties des filons et des couches.

Les notions générales que nous avons données des filons, nous les font concevoir comme
de grandes plaques diversement infléchies et
ayant des inclinaisons et directions quelconques. La plupart des exploitations roulant sur
ces sortes de gîtes, les mineurs ont dû attacher
une certaine importance à attribuer à leurs
diverses parties des dénominations qui leur
permissent de s'entendre. Malheureusement
quelques-unes d'entre elles varient assez, suivant les localités. Cependant voici celles qui
ont été le plus généralement adoptées :

Les deux parois de la roche qui encaissent
un filon, sont ce qu'on nomme ses *épontes*, et
les deux parois du filon lui-même, ou les deux
surfaces qui en limitent l'épaisseur, en sont
les *salbandes.*

Quelquefois les salbandes s'unissent intimement aux épontes : dans ce cas *le filon est
contigu ou adhérent au rocher;* mais si elle
s'en sépare facilement, à cause de l'interposition d'une fissure plus ou moins large, on ap-

pelle la fente de séparation, la *lisière du filon*, et quelquefois encore, par extension, sa *salbande*. Cette lisière ou salbande est ordinairement remplie d'une matière qui n'est ni celle métallifère ni celle de la roche encaissante; elle se poursuit d'ailleurs fréquemment avec assez de constance pour se maintenir quand même les parties métallifères sont totalement effacées; on lui donne alors le nom de *trace du filon*. Comme elle se réduit quelquefois à une épaisseur presque insignifiante, le mineur doit être très-attentif à ne pas la perdre de vue, autrement il s'égare dans ses travaux.

Chacune des deux épontes qui encaissent le filon a reçu un nom particulier : ainsi, quand le filon est incliné, ce qui est le cas le plus général, celle sur laquelle il repose, se nomme le *mur du filon*, et celle qui le recouvre, en est le *toit*. On voit d'après cette définition qu'un filon parfaitement vertical n'aurait, à proprement parler, ni toit, ni mur; on se règle alors d'après les points cardinaux, et l'on dit par exemple l'éponte du Midi ou du Nord.

Si d'ailleurs dans le voisinage il existe des filons *inclinés* ou *obliques*, on prendra pour toit du filon vertical, l'éponte correspondante au toit des filons obliques; on évite par ce moyen d'établir des dénominations différentes pour les filons d'une même localité.

La distance perpendiculaire du toit au mur se nomme la *puissance du filon*; celle-ci est sujette à de fréquentes variations; quelquefois elle devient fort petite et le filon est *étranglé*; plus loin elle peut devenir considérable et le filon forme *un ventre* ou *un renflement*.

On conçoit du reste ce qu'il faut entendre par la *longueur* et la *profondeur* des filons. Nous avons déjà fait pressentir qu'ils éprouvent de fortes variations en grandeur, et en général leur étendue paraît dépendre assez de leur puissance. Si celle-ci n'a que quelques millimètres, l'étendue ne dépassera qu'un petit nombre de mètres, et le filon pourra rentrer dans la classe des veines et veinules; mais si elle est de un ou deux mètres, alors le filon se prolongera jusqu'à de grandes distances.

Un filon pouvant être envisagé théoriquement comme une simple surface plus ou moins plane qui passerait par son milieu, on en détermine la position comme celle d'un plan par deux lignes tracées sur sa surface. L'une d'elles, horizontale, est la *ligne de direction*; l'autre, perpendiculaire à la précédente, est la ligne de plus grande pente ou d'*inclinaison* du filon.

La direction se détermine d'après l'angle que fait la ligne de direction avec le méridien. Comme ces angles sont extrêmement variables, on aurait en quelque sorte autant de directions qu'il y a de degrés dans la boussole. Cependant, pour abréger, on n'admet que quatre subdivisions principales, et l'on appelle *filons du nord*, ceux qui ont leur direction après le midi et le nord, depuis vingt-quatre heures jusqu'à trois heures et depuis douze heures jusqu'à quinze heures; *filons du midi*, ceux compris entre neuf et douze heures, et vingt-une jusqu'à vingt-quatre heures; *filons du levant*, ceux compris depuis trois jusqu'à six heures, et depuis quinze à dix-huit heures; enfin, les *filons du couchant* sont ceux dont la direction est entre les six et neuf heures et de dix-huit jusqu'à vingt-une heures.

Quant aux filons qui ont exactement leur direction sur douze heures de la boussole, il est indifférent de dire qu'ils ont leur direction vers le midi ou le nord; il en est de même des filons du levant et du couchant.

Il faut bien distinguer la direction générale d'un filon d'avec celle de ses diverses parties : celles-ci éprouvent des déviations, qui ne sont ordinairement que peu considérables. On en peut faire abstraction, comme dans la direction d'un chemin ou d'une rivière on omet les sinuosités, tandis que la direction générale est assez souvent rectiligne. Cependant quelques-uns forment des arcs de cercle; d'autres des coudes, presqu'à angle droit; on dit alors le *filon a fait un crochet*.

L'inclinaison du filon se détermine d'après le nombre de degrés, par rapport au plan horizontal; elle se mesure ordinairement avec un demi-cercle gradué, de construction spéciale, dont le zéro coïncide avec l'horizontale, et le 90° avec la verticale, en sorte que, plus la ligne de pente d'un filon a de degrés, plus il se rapproche de la verticale. L'inclinaison est variable comme la direction, et peut même dans la profondeur, devenir inverse de ce qu'elle était dans la hauteur.

Dans plusieurs localités on désigne encore les filons sous les noms de *filons à pente recte* et à *pente inverse*. Ces dénominations sont employées dans des sens très-variés. Ainsi, dans quelques pays on a désigné tous les filons *productifs* sous le nom de *filons à pente recte*, et ceux *stériles*, sous le nom de *filons à pente inverse*. Dans d'autres cas on a pris pour les *filons à pente recte* tous ceux qui inclinent dans le même sens que la pente de la montagne, et ceux qui ont leur inclinaison vers l'intérieur de la montagne, sont les *filons à pente inverse*. Quelquefois dans une localité donnée on nomme filons à *pente recte* tous ceux qui s'inclinent vers un des points cardinaux, et filons à *pente inverse*, tous ceux qui se dirigent vers un autre. Enfin on a appliqué encore le nom de *pente recte* à tous les filons dont le mur peut être éclairé par le soleil avant midi, et ceux au contraire dont c'est le toit qui pourrait être éclairé, ont reçu le nom de *filons à pente inverse*.

Toutes ces dénominations, relatives aux directions et inclinaisons, n'ont au reste d'autre valeur que celle qui peut leur être attribuée quant à certaines localités spéciales, où il s'agit de donner des désignations sommaires à certains systèmes de filons; mais dans la levée des plans souterrains, destinés aux travaux des mines, la précision la plus rigoureuse devient indispensable, et l'on ne peut plus se borner aux indications générales, dont celles-ci ne font que donner une idée grossière.

L'ensemble des caractères fournis par la puissance, la direction et l'inclinaison d'un filon, constitue ce qu'on appelle plus particulièrement son *allure*. Ainsi, un filon a une *allure réglée*, quand ces trois quantités sont invariables.

Outre ses deux terminaisons latérales qui forment le toit et le mur, un filon a encore son *affleurement*, sa *crête* ou sa *tête*, qui sont, en général, les noms que l'on donne à sa partie supérieure, suivant qu'elle arrive à la surface du sol, y est saillante ou se trouve masquée par des couches superposées.

Les autres limites sont *les extrémités d'un filon*. Il est rare qu'on connaisse celles-ci positivement, soit que l'appauvrissement en métal ou les difficultés de l'exploitation défendent d'y arriver, soit que la terminaison soit incertaine. Quelquefois cependant ils paraissent se limiter en forme de *coin*, ou bien encore ils se *ramifient* et s'éparpillent en une multitude de petits filets, qui se perdent également dans le rocher. Si dans les vrais filons on a de la peine à reconnaître les extrémités en longueur, l'embarras est encore plus grand pour celle en profondeur. Bien rarement on peut assurer y être arrivé. La théorie basée sur les faits géologiques, semble indiquer un éloignement tel que nos machines seraient de beaucoup trop insuffisantes pour y atteindre, et que d'ailleurs l'homme ne pourrait supporter la température excessive qui y règne.

La masse d'un filon est, comme nous l'avons dit, distincte de celle qui constitue la roche environnante; elle renferme en elle-même aussi souvent des parties très-diverses. Dans les filons métallifères on distingue les parties qui ne sont que pierreuses; telles que les quartz, les spaths, etc., sous le nom spécial de *gangues* et quelquefois *matrices*. Les parties métallifères, telles que les galènes, les pyrites, etc., sont, à proprement parler, les *minérais*. Cependant, dans la pratique, on réserve le nom de minérai plus particulièrement encore aux seules parties qui font l'objet de l'exploitation; ainsi, dans un filon de galène et pyrites cuivreuses, entremêlé de pyrites de fer et blende, on désignera ces dernières sous le nom de gangue, parce qu'elles sont rejetées avec les pierres comme parties inutiles. Un filon qui ne contient que des gangues, est dit *filon stérile*; si c'est l'inverse qui a lieu, le filon est *productif, riche* ou *noble*; si la gangue est tenace et cohérente, le *filon est solide*; quand elle est éminemment argileuse ou incohérente et perméable à l'eau, il est dit *filon pourri, savonneux* ou *aqueux.* Quelquefois ces derniers sont stériles; mais dans d'autres cas ils sont aussi très-riches.

Les *druses, fours, craques, poches à cristaux,* sont des cavités ordinairement tapissées de cristaux, qui se trouvent encore dans la masse du filon; c'est de là qu'on extrait presque toujours les beaux échantillons qui ornent nos collections.

On n'a que peu de choses à modifier aux dénominations usitées pour les filons, quand on veut parler des couches; celles-ci, en effet, présentent, abstraction faite de la stratification, les mêmes éléments relatifs.

Cependant, comme les bancs métallifères sont assez généralement couchés à peu près horizontalement, on désigne de préférence l'assise sur laquelle ils reposent sous le nom de *sole* ou de *lit.* La couverture conserve, comme dans les filons, le nom de *toit.*

On conçoit du reste assez ce qu'il faut entendre par les expressions suivantes : la couche fait *une chaudière, une bosse, un saut,* est en *forme de selle,* est *plissée, contournée, brouillée,* etc.

SECTION III.

Notions générales sur la formation des filons.

Les mineurs eurent bientôt conçu que les filons n'étaient que des fentes produites dans les roches et remplies ensuite par des matières étrangères. Aussi trouvons-nous des traces de cette idée dans les plus anciens écrits qui nous restent sur l'art des mines. Agricola avance déjà positivement que les fentes et fissures dans lesquelles nous trouvons les filons, se sont formées en partie en même temps que les montagnes, en partie après, par le moyen de l'eau qui y a pénétré, et qui, en ramollissant le rocher, l'a déterminé à s'ouvrir.

Balthasar Rœsler regardait aussi les fentes et les filons comme ayant la même origine, avec la seule distinction que les premières ne sont que des espaces restés ouverts et vides, et les seconds sont ces mêmes espaces entièrement ou presque entièrement remplis.

Ces premiers aperçus ont été ensuite développés successivement par MM. d'Oppel, Delius, et surtout par Werner, qui a démontré la proposition en question aussi rigoureusement que possible, par la série suivante de faits et de raisonnemens.

1.º Les filons, quant à leur forme, leur assiette et leur position, ressemblent parfaitement aux fentes et aux crevasses qui se forment dans la terre et dans les roches, c'est-à-dire, que les unes et les autres ont une figure plate et que les déviations qu'ils éprouvent dans leur cours sont en petit nombre et peu considérables.

2.º Les filons, comme les fentes, se rétrécissent vers leurs extrémités; ils finissent par se terminer en forme de coins et se perdent en petites fissures suivant la ténacité ou le mode de texture de la roche encaissante.

3.º Presque tous les filons d'un district de mines qui paraissent être d'une même formation, ont la même direction; ce qui indique qu'ils ont été produits par une même force, qui a disloqué le sol, suivant un sens déterminé.

4.º Personne ne doute que les fissures connues des mineurs sous le nom de failles, croiseurs, rejets, suivant leur importance, ne soient réellement des crevasses; or il existe entre les plus étroites de celles-ci et les filons les plus puissants, une série continue, dans laquelle il n'est pas possible d'entrevoir de démarcation. D'ailleurs, les unes comme les autres sont remplis de mines ou vides, preuve de la similitude de leur origine.

5.º Les druses, les poches, les fours, les cavités qui sont contenus dans les filons, ne peuvent être autre chose que les restes du vide dans lequel le filon s'est formé. Ils en suivent souvent la direction. Plusieurs ont une grande hauteur. Il en existe de nombreux exemples. Pour notre part nous avons vu dans les mines de fer de Schlettenbach, près Erlenbach en Bavière rhénane, une pareille cavité lenticulaire, remarquable par sa dimension; car elle avait une trentaine de pieds de diamètre dans le sens de la direction du filon : il en sortit considérablement d'eau, lorsqu'on en fit le percement.

6.° Ce qui prouve encore bien que les filons ont été de véritables fentes, entièrement vides à leur origine, c'est qu'on y rencontre des galets ou cailloux roulés. On en a des exemples à Joachimsthal, où l'on a rencontré dans le Danielisstollen, à une profondeur de cent quatre-vingts toises, des galets de gneiss. Dans la Hesse, auprès de Riegelsdorf, on a vu pareillement un filon de cobalt traversé par un autre filon, rempli de sable et de galets. A Chalanches, dans le Dauphiné, M. Schreiber a encore observé de pareils faits. Werner cite encore, en faveur de son opinion, l'argile et le sable qui constituent la matière de certains filons, et qui peuvent y avoir été introduites par les eaux.

7.° De plus, on a rencontré, mais rarement, des pétrifications dans ces gîtes. Baumer a le premier appelé l'attention sur ce fait. Depuis, M. de Born a cité des madrépores au milieu du cinabre compacte du filon de l'Hôpital en Hongrie. Ajoutons à l'appui le fait de la présence des gryphites du terrain jurassique dans les filons de plomb sulfuré de Frémoy et de Corcelles, près de Sémur. Ces filons sont inclus dans le terrain de gneiss et de schistes anciens, et leur gangue se compose de baryte sulfatée et de quartz. La connaissance de cette observation importante est due à M. Virlet.

Les fragments de roche adjacente que l'on trouve si souvent au milieu des filons, sont encore une preuve très-puissante du même ordre.

8.° La manière dont les filons se croisent, se rejettent, se dérangent mutuellement, ne peut s'expliquer que par l'action d'une fente plus nouvelle sur une fente plus ancienne. Nous verrons plus loin, quand nous traiterons des grandes dislocations du sol, quelles sont les diverses circonstances qui accompagnent ces croisements et rejets; elles se lient trop intimement à ce sujet pour qu'il ne soit pas prématuré d'en parler ici.

9.° La manière d'être des filons à l'égard de la roche encaissante, notamment quand elle est stratifiée, prouve encore évidemment qu'ils ont été des fentes. En effet, lorsqu'un filon traverse les couches de la roche, il arrive presque toujours que la partie d'une couche qui est dans la roche adjacente au

toit, se trouve plus basse que la partie de la
même couche, incluse dans le mur, et cette
différence de niveau, qui ne peut provenir
que d'une fracture et d'un glissement, est
d'autant plus puissante, que le filon est plus
puissant. Nous ne pouvons mieux faire que
de renvoyer, pour apprécier ce fait, à la
planche IV du second volume, où l'on voit
une coupe des couches du zechstein et du
schiste cuivreux de Bilstein accidentées par
une série de failles et de filons, et conservant
néanmoins leurs relations de position réciproque.

10.° Enfin, en considérant attentivement la
structure intérieure des filons, qui sont composés de plusieurs espèces de minerais, on
voit que les filons sont fréquemment formés
de couches parallèles aux parois, appliquées
successivement les unes aux autres, et que
celles qui sont immédiatement sur les salbandes, ont été formées les premières. Quelquefois les bandes successives n'ayant pas pu se
joindre au milieu du filon, il en est résulté
des vides qui constituent les druses, etc.

Tels sont les faits principaux que Werner
cite à l'appui de la formation des filons par
des fentes qui se sont faites dans les terrains;
il achève de corroborer cette série d'induc-
tions par de nouveaux détails; c'est ainsi qu'il
a observé que certaines fentes qui ont constitué les filons, étaient originairement plus

larges et se sont ensuite rétrécies; d'autres, au contraire, sont devenues de plus en plus larges. Des affaissements au toit ont dû produire des fentes collatérales, ce qui a pu rétrécir la fente principale. Les grandes largeurs de certains filons, en quelques points seulement de leurs cours, proviennent de pareils affaissements purement locaux ou plutôt d'éboulements de quartiers du toit ou du mur, qui ont dû glisser plus bas, etc.

L'origine de la plupart des filons étant ainsi positivement démontrée, il nous reste à rechercher quelles peuvent être les diverses causes qui ont pu produire de pareilles fentes dans la masse des rochers. Jusqu'à présent les recherches des géologues nous conduisent à les considérer comme pouvant provenir, 1.° du retrait des roches lors de leur consolidation, soit par voie de dessiccation, soit par voie de contraction en se refroidissant suivant leur origine aqueuse ou ignée; 2.° dans chacune d'elles il s'est encore opéré des cassures par les glissements de quelques couches les unes sur les autres, en vertu de quelque ébranlement du sol, ou de leur pesanteur qui les a portées à se fracturer; 3.° enfin, elles ont encore pu se trouver disloquées par des mouvements violents, tels que les soulèvements et affaissements qui ont produit sur une grande échelle les protubérances actuelles du globe.

Mais en étudiant partiellement chacun de

ces systèmes de fentes, on est bientôt convaincu que celles qui résultent du retrait d'une masse de roche ont rarement produit autre chose que des veinules ou petits filons plus ou moins régulièrement distribués, et ne pénétrant jamais au-delà de l'assise où elles ont pris naissance; elles sont quelquefois remplies de dépôts mécaniques, mais bien plus souvent de matières à peu près identiques à celles de la roche encaissante, ou bien qui en dérivent directement.

Les dislocations qui proviennent des glissements locaux de quelques couches ou masses déjà solidifiées, sont encore moins comblées que les précédentes de dépôts chimiques, ou bien ceux-ci sont de l'ordre de ceux que nous voyons se former journellement, telles que les incrustations spathiques, etc.

Enfin, les cassures qui résultent de phénomènes dont la cause doit être cherchée dans l'intérieur du globe et qui s'est manifestée par une action d'une grande intensité, telle que la formation d'une chaîne de montagnes, sont comblées de produits le plus souvent chimiques et contrastant fortement par leur nature avec les roches en contact.

La majeure partie des filons exploitables se range dans cette dernière catégorie, et comme les causes de dislocation et d'intercalation de masses étrangères ont pu agir aussi bien en un point limité que suivant une ligne éten-

due, on conçoit que, la distinction entre le
filon et l'amas proprement dit ne roulant que
sur l'espace d'application de l'effort, l'étude
du dernier rentrera naturellement dans celle
du premier.

D'après ces aperçus préliminaires nous rangerons donc les filons en trois groupes, relatifs
aux diverses causes de formation que nous
avons reconnues précédemment, et cet ordre,
tout en nous conduisant du petit au grand,
nous offrira de plus l'avantage d'être jusqu'à
un certain point historique; car, avant d'embrasser les faits dans leur ensemble, les observateurs ont dû nécessairement s'attacher à
étudier de petits accidents de détail, aisés à
suivre dans leur allure, et ce n'est que munis
des faits dont ils leur donnaient la connaissance, qu'ils ont pu aborder l'étude des véritables filons, qui sont, sans contredit, l'un des
produits les plus complexes de chacune des
révolutions du globe.

CHAPITRE II.

Des petits filons *ou* veines, *formés, par un retrait résultant de la solidification de la roche, ou par une dislocation peu intense et à peu près contemporaine à sa formation.*

SECTION I.re

Remplissage du filon pendant la formation de la roche encaissante par des substances dérivées directement de celle-ci.

Afin d'éviter toute fausse interprétation, nous croyons devoir avertir, que dans ce qui va suivre, nous ne bornerons pas l'expression de *formation d'une roche* à la désignation du seul instant de son apparition; mais que nous l'étendrons souvent à la série des actions qui eurent lieu dans sa masse avant qu'elle soit parvenue à posséder une certaine stabilité. Ainsi une lave, immédiatement après sa sortie du volcan, renferme déjà tous les éléments qui composent la roche; mais celle-ci n'est pas encore définitivement constituée; car de l'état vitreux qu'elle a pu avoir dans le principe, elle passe à l'aspect pierreux ou cristallin par une dévitrification successive; ses

vacuoles se tapissent de cristaux contemporains; puis elle se divise en tables ou en prismes,
et ce n'est que quand tout ce mouvement in-
testin est suspendu par un état stationnaire,
que l'on peut réellement envisager la roche
comme formée.

De pareils mouvements ont dû avoir lieu
dans certains terrains d'origine aqueuse, pour
lesquels le fendillement peut être attribué à
la dessiccation. Ainsi, par exemple, sans nous
arrêter à discuter si les marnes gypseuses du
terrain keuprique doivent être envisagées, en
vertu de leur position souvent anomale,
comme étant le résultat de réactions chimiques, opérées par des dégagements de gaz,
sur des roches déjà existantes, il n'en sera pas
moins évident que les eaux ont aussi exercé,
dans l'ensemble de la formation, une telle
action, qu'on peut, sans crainte d'erreur, leur
attribuer une grande partie de son état actuel.

Or, nous voyons dans ces amas, indépendamment des zones alternantes de gypse et
d'argile, des fissures assez bien suivies, qui en
coupent l'ensemble sous divers angles. On
peut les rapporter à des retraits, ou petits
affaissements locaux, provenant de la dessiccation, en les considérant comme contemporaines à la formation de la roche. Cette opinion est d'autant plus probable, qu'elles sont
elles-mêmes remplies de gypse; mais ce dernier
diffère essentiellement de celui contenu dans

les strates de la roche, en ce qu'au lieu d'être comme lui lamellaire ou granulaire et plus ou moins impur, il est soyeux et d'une grande blancheur. Les fibres de ce gypse sont en général assez perpendiculaires aux parois du filon; mais ce qu'elles présentent en outre de remarquable, c'est qu'elles offrent souvent une inflexion simultanée à leur rencontre au milieu de la fissure (fig. XI), sans qu'elles se soudent ensemble, en sorte que la masse totale du filon peut se séparer en deux parties, suivant le plan de jonction. Celui-ci contient aussi ordinairement des plaques minces et lenticulaires d'argile a a' a'', qui proviennent des épontes.

Ce mode de cristallisation, en désaccord avec celui du reste de la masse, donne lieu à une explication d'autant plus facile, que des faits analogues, qui se rencontrent à chaque instant dans la formation de la glace, semblent de nature à résoudre complétement tous les doutes que l'on pourrait concevoir.

Ainsi, dans les terres argileuses humides, comme celles qui proviennent de la décomposition des schistes micacés ou argileux, on voit dans le commencement des gelées un soulèvement de quelques lambeaux de terre, et si l'on en cherche la cause, on trouve au-dessous de ceux-ci de longues baguettes de glace, fortement striées dans le sens de leur axe. Examinées de près, elles offrent une ten-

dance à prendre la forme d'un prisme hexaè-
dre, ordinairement incomplet et presque
toujours creux, puisqu'il n'est que le résultat
d'un simple accolement de fibres. Ces prismes
atteignent jusqu'à un pied et plus de longueur,
quelquefois ils sont disposés en étages successifs
et alternants de glace et de terre, qui indiquent
des intermittences dans l'intensité de la gelée
et produisent un soulèvement total, dont la
hauteur va quelquefois jusqu'à trois pieds.
Cette espèce de cristallisation est comparée
par les cultivateurs à une végétation, et ils la
désignent en Auvergne et dans plusieurs autres contrées sous le nom d'*herbe de glace*.
On sait d'ailleurs qu'elle est très-nuisible à
l'agriculture, en ce qu'elle déchausse les blés,
et déchire leurs racines; et les terres qui sont
sujettes par leur composition à la présenter,
prennent dans certaines localités les noms
d'*arbue*, de *chandeleuses* : expressions dont
l'étymologie est facile à saisir.

Dans les forêts humides et pendant une
gelée graduelle, nous observons un autre fait
identique, mais qui présente encore plus de
ressemblance avec celui que nous offre le
gypse.

En effet, dans cette circonstance, les bois,
et surtout les branches pourries, munies de
leur épiderme, se recouvrent de fibres de
glace de la plus grande ténuité, flexibles sans
élasticité, d'une blancheur éclatante, ayant

jusqu'à dix-huit lignes de longueur, tellement
serrées, qu'elles paraissent en contact les unes
avec les autres, et disposées perpendiculairement à l'écorce, à moins qu'un obstacle ne
les ait fait dévier. Ici les productions de la
glace et du gypse fibreux sont exactement
comparables quant à la forme essentielle, et
la théorie de formation sera donc la même :
or, dans le bois pourri, l'eau d'imbibition,
augmentant de volume quand elle approche
du point de congélation et se trouvant trop
à l'étroit, tend à sortir des cellules du ligneux décomposé. L'écorce lui présente par
ses pores une série presque infinie de petites
ouvertures, par chacune desquelles une première gouttelette passe comme par l'orifice
d'une filière. En arrivant au contact de l'air,
elle subit la solidification; une seconde suit
immédiatement, déplace la première en l'éloi-
gnant de l'écorce et se fige à son tour; puis
une troisième, et ainsi de suite, jusqu'à ce que
l'eau intérieure ait cessé de se dilater ou que
le froid soit devenu assez intense pour que la
gelée ait pénétré jusqu'au cœur de la branche,
après quoi cette espèce d'étirage s'arrête.

Il en est indubitablement de même du gypse
fibreux qui a rempli les fentes en question.
Les molécules de ce sel, qui ont cherché à
cristalliser, ont passé au travers des pores
de l'argile et ont pris la forme fibreuse
comme l'eau du bois ou des terres argileuses.

Dans quelques cas ces fibres ont déplacé
quelques feuillets superficiels de l'argile des
épontes qui leur faisaient obstacle, et les ont
transportés vers le milieu du filon, où nous
les retrouvons tout comme nous avons vu que
l'herbe de glace soulevait les lambeaux de
terre végétale; et ils sont restés dans cette position, parce qu'en vertu de la simultanéité
de formation, les fibres qui s'avançaient à peu
près d'une quantité égale hors de chacune
des parois, venant à se rencontrer au milieu
de l'ouverture, les ont emprisonnés entre elles.
La force de cristallisation continuant toujours
à produire son effet énergique, les fibres,
après être parvenues de part et d'autre au contact réciproque, ont dû ensuite s'infléchir,
pour obéir à la force qui les poussait constamment en avant.

Il n'y a dans cette explication du phénomène
qu'une seule circonstance douteuse. Rien ne
nous autorise encore à admettre que le gypse
augmente de volume comme l'eau, pendant
l'acte de la cristallisation; mais dans tous les
cas cette difficulté ne mérite pas d'être prise en
considération; car on peut concevoir que c'est
au contraire l'argile gypseuse qui s'est con-
tractée, en perdant son eau d'imbibition par
dessiccation, et la cause de la structure fibreuse
sera toujours la même.

Nous rappellerons cependant ici, à l'appui
de la première de ces hypothèses, que c'est en

se basant sur cette augmentation de volume
qu'éprouvent la plupart des sels en se cristallisant, que M. Brard a trouvé le moyen aussi
simple qu'ingénieux qu'il a proposé pour reconnaître les pierres de construction sujettes
à la gélivure.

L'exemple précédent est donc un premier
fait positif de la formation contemporaine
d'un filon par l'action d'un dissolvant qui
imbibait la roche encaissante.

On peut observer fréquemment dans les
granites ou autres roches de structure homogène, non-seulement des veinules irrégulières,
mais encore plus souvent des bandes recti-
lignes, bien suivies, d'environ un à deux pouces de largeur, contenant ordinairement, sous
une forme cristalline plus régulière que dans
la masse de la roche, du feldspath lamellaire,
du quartz cristallin ou laiteux, du mica en
grandes lames, des tourmalines et d'autres
silicates anhydres, que l'on rencontre aussi
disséminés çà et là dans la roche encaissante.
Ces mêmes substances se disposent encore sous
forme de rognons plus ou moins volumineux,
qui se suivent quelquefois d'une manière in-
termittente et en forme de chapelet sur une
étendue assez considérable. Cette triple disposition de certaines matières en roche, en veine
ou en rognons, annonce évidemment une formation par voie de cristallisation, contemporaine à l'époque où la roche était encore dans

un état de mollesse quelconque, et l'on
peut concevoir ici quelque chose d'analogue
jusqu'à un certain point, à ce que nous avons
vu se passer dans les amas de gypse; mais au
lieu de fissures produites par dessiccation,
et d'une cristallisation par concentration de
liqueurs salines, nous pourrons admettre des
contractions par refroidissement et une sorte
de transport moléculaire d'autant plus aisé
à se représenter, que ces fentes contiennent
assez généralement les matières les plus fusibles que l'on rencontre dans les roches.
D'ailleurs la métallurgie offre de nombreux
exemples de ces sortes de séparations. C'est
ainsi que pendant le refroidissement des lin-
gots de plomb argentifère ou cuprifère, l'argent et le cuivre se portent principalement
vers les parties extérieures, malgré les affinités
qui devraient contrebalancer cette tendance
à la cristallisation. Le cuivre surtout manifeste
cette propriété à un haut degré, et on peut
le séparer sous forme de lamelles frisées, plus
ou moins pures, qui viennent surnager, quand
on gratte les parois du vase avant la solidification du métal.

La forme de rognons, disposés en chapelet,
que nous avons observés pour les tourmalines
dans quelques granites d'Auvergne, et que
MM. Élie de Beaumont et Dufrénoy ont re-
marqués aussi dans certains *floors de Schorl-
Rock* du Cornouailles, ne seraient dans cette

hypothèse que des parties d'une même fissure, dilatée en divers points par la force expansive de la cristallisation des minéraux liquatés en quelque sorte par le refroidissement.

C'est sans doute sur des faits et raisonnements analogues à ceux que nous venons d'énoncer, que Stahl, Juncker et autres minéralogistes cherchaient à appuyer la supposition que les filons étaient contemporains à la création du globe.

M. H. de Villeneuve vient de reproduire une théorie à peu près semblable dans divers mémoires lus à l'académie de Marseille en 1830, 1831 et 1832; il admet que la cristallisation a pu modifier les roches lors même qu'elles étaient déjà solidifiées, convertir par exemple un granite en porphyre; il suppose qu'il n'existe que très-peu de filons métallifères qui ayent été formés par précipitation supérieure ou par injection de bas en haut; mais que la plupart ont été engendrés aux dépens de la roche encaissante par l'effet des forces qui ont présidé à la cristallisation. Les amas, les rognons ou nids métalliques, les noyaux des roches amygdaloïdes, ont, suivant lui, le même mode de formation, et l'auteur parvient même à appliquer sa théorie des transports moléculaires aux circonstances les plus minutieuses de l'allure des filons, telles que leurs étranglements, leurs élargissements, leurs enrichissements, etc. Ne connaissant ces travaux que par ex-

trait, et n'ayant aucune connaissance des observations que l'auteur peut invoquer à son
appui, nous nous contenterons de rappeler
ici, et le fait sera, nous l'espérons, clairement
démontré par la suite, que la formation des
filons, en général, est un des phénomènes les
plus compliqués que présente la géologie,
par la variété des causes qui y ont concouru,
et qu'il nous paraît bien difficile de concevoir, par exemple, un filon basaltique produit par la même action qu'un filon de galène.
Cependant l'un peut être intercalé dans l'autre;
tous deux suivront une allure commune, et ils
éprouveront les mêmes accidents dans leur
marche. Nous en verrons plusieurs exemples.

Renonçons donc à ces théories générales,
quelque séduisantes qu'elles soient au premier
aperçu par leur simplicité, et contentons-nous
de trouver, autant qu'il nous sera possible, des
solutions pour les différents cas particuliers
qui laisseront quelque prise à nos conjectures.

Les petits filons dont il a été question précédemment sont généralement très-adhérents
à leurs épontes. Quelques géologues, partant
de ce fait, en ont conclu par similitude que
les filons métallifères qui sont aussi quelquefois soudés avec la roche encaissante, en étaient
contemporains; mais cette conséquence est
au moins excessivement forcée, sinon absurde:
de ce qu'il y a pénétration de la matière du
filon dans la paroi adjacente, il ne s'ensuit

pas plus qu'il y ait nécessairement simultanéité de formation, qu'entre deux morceaux
de bois et la colle-forte interposée qui leur
sert de lien. L'agglutination se conçoit par
une certaine porosité, aussi bien que par un
mode de formation pendant une même période, et de plus l'observation suivie d'un seul
et même filon métallifère nous apprend qu'il
est rarement adhérent au rocher dans toute
son étendue.

SECTION II.

*Remplissage du filon par des dissolutions
qui ont déposé dans la fissure des parties
enlevées à la roche encaissante après sa
formation.*

La difficulté d'envisager les filons en général
comme contemporains à la roche encaissante,
avait frappé les observateurs les plus judicieux.
Aussi Agricola, qui, le premier, a écrit quelque
chose de rationnel sur les filons, trouvait déjà
cette supposition tellement contraire aux faits
qu'il l'appelait l'*opinion de l'homme du peuple*.
Il fallut donc chercher d'autres causes de remplissage et de formation que celles que nous
avons exposées précédemment. Il conçut que
les fentes pouvaient être le résultat de tasse-
ments inégaux ou d'érosions par les cours
d'eau, et que le remplissage en était opéré par
les eaux pluviales ou autres, qui, en filtrant

constamment au travers de la roche voisine,
s'y chargeaient de certaines parties qu'elles lais-
saient ensuite précipiter dans les ouvertures.
Cette opinion a été adoptée, à quelques va-
riantes près, par Henkel, Gerhard, et surtout
par le célèbre Délius, auteur de l'art des mines;
elle touche du reste de près à la précédente,
puisque la matière provient toujours de la
roche encaissante; seulement on s'accordait
une plus grande latitude sous le rapport de
la quantité du dissolvant; c'est ce qui nous
détermine à la traiter dans le même chapitre.

Lasius, en 1789, a donné à nos yeux un caractère encore plus positif à cette théorie; car il
admet d'abord que les fentes ont été produites
par des révolutions du globe, et il suppose ensuite que les fentes ont été remplies par les
eaux qui, s'étant imprégnées avec le temps
d'acide carbonique ou d'autres agents, devin-
rent par conséquent propres à dissoudre les
particules terreuses et métalliques qui se trouvaient dans la masse du rocher. Elles s'y in-
sinuèrent, en séparèrent les particules que la
nature des dissolvants permettait d'attaquer,
et les déposèrent à l'aide de quelques précipi-
tants, dans les espaces qu'occupent les filons.

L'action de l'acide carbonique sur les minérais, reconnue à cette époque, est une circonstance remarquable de la part de cet auteur, et prouve en lui un observateur attentif.
Nous verrons, en effet, plus tard, combien le

rôle qu'il joue dans l'altération des filons est important; mais sa présence est insuffisante encore pour tout expliquer, et comment concevoir que cet agent ou tout autre y introduise des sulfures de plomb, d'antimoine, de cuivre, dont il n'existe aucune trace dans les roches, voisines? comment se rendre compte, par ces filtrations et dissolutions, du remplissage de deux filons qui se croisent dans la même roche, par des matières complètement différentes les unes des autres, dont l'un, par exemple, contient de l'étain; l'autre, de l'argent, comme on le voit à Ehrenfriedersdorff?

Les partisans de cette théorie s'appuient encore sur l'altération fréquente de la roche dans le voisinage du filon; ils en concluent qu'elle a fourni les matériaux du filon. Cette idée est très-juste en elle-même jusqu'à un certain point. Quand on voit dans une roche serpentineuse, fortement altérée, des petits filons de brucite (hydrate de magnésie), dont les lamelles sont perpendiculaires aux parois, et qui, s'avançant de part et d'autre, finissent par se joindre au milieu de la fente, absolument comme le gypse fibreux, il n'y a point de doute qu'on ne doive naturellement en rapporter la production à l'altération de la serpentine et considérer sa formation comme résultant d'une dissolution aqueuse.

Quand des basaltes, en se décomposant, forment d'une part des opales, des fiorites, qui se concrétionnent dans des fissures, et de l'autre des hydrosilicates d'alumine, plus ou moins ferrugineux, qui restent, en conservant grossièrement la forme du rocher primitif, il n'y a pas de doute non plus que l'eau, favorisée ou non d'un dissolvant, n'ait été un agent de dissolution et d'entraînement.

Nous concevons ainsi l'origine d'une multitude de produits du règne minéral, que nous voyons toujours cristalliser dans les vacuoles des roches; tels sont les stilbites, les scolézites, les laumonites, les chabasies, etc., dont la formation récente pourrait être d'autant moins contestée que nous avons en Auvergne des exemples de dépôts calcaires de sources d'eaux minérales, entremêlés de mésotypes bacillaires.

La densité de la roche qui empâte ces géodes ou nodules de formation postérieure, n'est même pas un obstacle à ces infiltrations. Nous avons vu, auprès de Pontgibaud, des blocs de basalte qui avaient séjourné sous l'eau et qui étaient tellement durs et tenaces, qu'il fallait les faire sauter à la poudre. Cependant leurs cavités étaient pleines de liquide et commençaient à se tapisser d'aiguilles soyeuses de mésotype, qu'on ne retrouvait pas dans les parties de la même roche restées à sec. Il n'y a donc aucune incertitude pour la formation d'un certain nombre d'hydrosilicates aux dépens de la roche encaissante.

De même dans les roches calcaires nous concevons que les eaux de filtration finissent par former des stalactites, en se chargeant constamment par voie de dissolution d'une certaine quantité de carbonate de chaux, qu'elles laissent déposer au contact de l'air. Mais aussi jusqu'à présent nous trouvons toujours une certaine relation entre les produits et les principes. La serpentine, roche éminemment magnésienne, a fourni l'hydrate de magnésie. Les basaltes, roches siliceuses, alumineuses et alkalines, ont fourni de la silice et des hydrosilicates alumineux et alkalins. La chaux carbonatée a fourni du calcaire spathique; tandis que dans les filons métallifères, encaissés dans des roches qui ne renferment pas la moindre trace de plomb, cuivre, argent et soufre, nous trouvons des sulfures de ces divers métaux. Il faut donc en chercher l'origine ailleurs, à moins qu'on ne veuille recourir à la *transmutation* des terres en métaux : transmutation que rien ne prouve encore.

Quoi qu'il en soit, les mineurs, toujours poussés par le besoin de découvrir les gîtes métallifères, et appuyés d'ailleurs par certaines observations locales, durent supposer naturellement qu'il existait des roches plus propices les unes que les autres à la création des métaux. Ainsi généralement dans la Haute-Hongrie, on trouve les plus nobles filons de cuivre dans les schistes ardoisiers; en Saxe,

le minérai argentifère se rencontre dans le
gneiss; dans le Hartz, certains minérais affectent une liaison intime avec les grauwackes;
en Amérique, les minérais d'or sont en relation avec les porphyres et les grünsteins.

A ces données générales pour un pays en-
tier, ajoutons encore des faits particuliers à
un seul et même filon; on observe, en effet,
qu'ils varient quelquefois dans leur composition, suivant la nature de la roche qu'ils traversent : les filons de Kongsberg en Norwège
sont stériles dans le schiste micacé, et deviennent très-productifs dans les bancs de roche
connus sous le nom de *Faalbænder;* dans le
Hartz à Andréasberg, les filons qui passent du
schiste argileux dans le schiste siliceux, perdent de leur richesse dans cette dernière
roche; dans le Cornouailles, d'après MM. Élie
de Beaumont et Dufrénoy, la mine de cuivre
de Huel-Alfred à Pillack présenta la circonstance remarquable, que le filon sur lequel
elle était établie, produisait très-peu de minérai, tant qu'il se trouvait dans le Killas (roche
schisteuse), et s'enrichit dès qu'il vint en contact avec l'Elvan (roche porphyrique); à la
profondeur de deux cent quarante mètres,
il rentra dans le Killas, et sa richesse déclina
à tel point, qu'on fut obligé d'abandonner
l'exploitation.

Le filon d'étain de Huel-Vor était productif dans le Killas, et il s'enrichit encore en

pénétrant dans l'Elvan, et même s'y ramifia de manière à imprégner toute la masse de l'Elvan de minérai d'étain, ce qui détermina une exploitation sur la largeur d'environ vingt pieds.

Dans le Derbyshire, les filons de plomb qui passent du calcaire métallifère aux couches amygdaloïdes (basaltiques ou amphiboliques) connues sous le nom de *toadstone*, éprouvent non-seulement un changement en puissance, mais encore en richesse. Ainsi dans la mine de Sevenrakes, au lieu d'un seul filon bien réglé que l'on possédait dans le calcaire, on n'a trouvé dans le toadstone qu'un assemblage de petits filons assez parallèles, très-rapprochés, dans lesquels on trouve peu de galène, quoique la gangue y soit la même que dans le calcaire; du reste, il ne paraît nullement vrai que les filons soient interrompus totalement à la rencontre du toadstone, comme on l'a avancé dans presque tous les ouvrages de géologie.

Dans le Cumberland, les mines de plomb sont constamment plus riches, même proportionnellement à leur puissance, dans les parties qui traversent les roches calcaires, que dans celles qui correspondent à des couches de grès, et surtout à des roches schisteuses; il est rare que dans les couches de *plate* (argile schisteuse solide) le filon contienne du minérai : il est alors rempli d'une espèce de glaise.

A Pontgibaud nous avons observé que la

blende paraissait infiniment plus rare dans les
formations de granite schistoïde des environs
de Rosiers et de Roure, que dans les schistes
talqueux et micacés de Pranal et Barbecot,
quoique le système des filons soit toujours le
même.

Mais aucun de ces exemples n'est plus cu-
rieux que le suivant, qui nous a été communiqué par M. Voltz, ingénieur en chef des mines,
à Strasbourg.

Dans le Furstenberg le filon de Wenzel
court à peu près verticalement du nord au
sud au travers de plusieurs bancs de gneiss
de dix toises environ de puissance, et incli-
nant de trente environ vers l'est. Chacun de
ces bancs forme une variété de roche très-dis-
tincte : le premier est très-micacé; le deuxième passe au schiste argileux; le troisième est
amphibolique, et dans le quatrième on n'a-
perçoit presque pas de mica.

Le filon est rejeté dans la profondeur vers
l'ouest par plusieurs croiseurs stériles, et c'est
entre deux de ces croiseurs distants l'un de
l'autre de quarante toises, que le filon a montré
la grande richesse qui l'a rendu si célèbre.

Dans la première couche de gneiss il ne formait qu'un filet argileux presque impercepti-
ble; dans la seconde il a pris subitement une
puissance de douze à dix-huit pouces, et était
composé de baryte sulfatée, d'argent antimonial, d'argent rouge, de cuivre gris argentifère;

l'argent antimonial y formait toujours de grandes masses; on en a trouvé pesant jusqu'à un quintal; dans la troisième couche la puissance du filon et la baryte sulfatée se sont soutenues, mais il n'y avait plus de minérai d'argent; on y voyait seulement quelque peu de galène; dans la quatrième le minérai d'argent est revenu presque aussi abondant que dans la deuxième; mais à une certaine profondeur il a disparu peu à peu, et a été remplacé par de la sélénite, un peu de galène, et quelques traces de soufre natif.

De pareils exemples sur l'influence locale des roches étaient, il faut l'avouer, bien propres à confirmer les mineurs praticiens et sédentaires dans la croyance de l'existence de roches plus métallifères les unes que les autres, et pour appuyer à leurs yeux l'opinion qu'elles concouraient par leur propre substance au remplissage des filons; mais d'un autre côté, si l'on veut se rappeler que les exemples que nous venons d'accumuler sont en quelque sorte, par leur rareté même, des anomalies au milieu des exemples excessivement multipliés de l'indépendance absolue que les filons de même nature affectent dans des roches diverses, nous n'y attacherons plus qu'une importance relative, et nous n'y verrons autre chose qu'une de ces attractions de cristallisation, produites par des forces électro-chymiques vers la détermination desquelles les travaux de **M.** Becquerel nous mènent à grands pas.

Pour citer des exemples de l'influence des roches dans ces sortes d'actions, il nous suffira de signaler les observations qui viennent d'être faites relativement aux eaux faiblement acidules, ferrugineuses et calcaires, employées aux fontaines de la ville de Grenoble. On a trouvé qu'elles n'avaient incrusté, après plusieurs siècles, les tuyaux de plomb que d'un dépôt calcaire très-faible; tandis qu'en passant dans des corps en fonte, elles déposent rapidement des masses ferrugineuses, concrétionnées en forme de tubercules: fait remarquable, qui nous montre à quel point la nature de la matière encaissante a pu agir dans les cas que nous avons cités, en faisant un triage des matières contenues dans une seule et même dissolution.

D'autres géognostes ont cru trouver un appui plus ferme à la théorie d'infiltration venant des parties latérales, dans le fait réel que souvent les parties de la roche adjacentes aux filons sont imprégnées de minérais. Ainsi, dans les mines de Altgrünzweig et de Himmelfürst à Freiberg, on voit de la mine d'argent rouge, de l'argent natif et de l'argent vitreux dans le gneiss décomposé, qui forme les épontes de ces filons. Pareil fait s'est répété dans d'autres filons, et il est très-facile à expliquer dans toute autre théorie. En effet, il a presque toujours lieu dans

des roches décomposées, poreuses, fendillées
et schisteuses, et qui, par conséquent, ont pu
aussi bien se prêter à une infiltration venant
de matières qui auraient d'abord rempli un
filon, qu'à celle venant de la roche voisine,
et ce qui achève de donner du poids à la
première présomption, c'est que rarement l'infiltration s'étend au-delà d'une à deux toises
du filon; elle est donc plutôt en relation intime
avec celui-ci qu'avec la roche adjacente; enfin
le fait est très-rare, et cette circonstance
achève de lui ôter son importance.

La texture fibreuse par transsudation contemporaine ou postérieure à la formation de
la roche que certains minérais prennent immédiatement, ainsi que nous l'avons vu pour
les cas particuliers de la glace, du gypse, et
que présente encore le vitriol capillaire qui
soulève dans les anciennes galeries de mines
les feuillets des schistes pyriteux, a paru suffi-
sante à quelques géologues pour expliquer,
par cette voie, le fait général de la texture
fibreuse qui se rencontre dans un si grand nombre de variétés minérales, et pour appuyer encore la théorie que nous discutons: mais ceci
est encore une de ces généralisations hâtives
dont nous verrons d'ailleurs tant d'exemples;
car d'abord la transsudation peut aussi bien
produire des formes laminaires que fibreuses.
La brucite (hydrate de magnésie) nous en a
déjà offert un exemple. En second lieu, cette

structure ne se présente-t-elle pas à un haut degré dans des produits formés par toute autre voie? Ainsi le muriate d'ammoniaque, qui, en cristallisant lentement au milieu d'une dissolution, affecte la forme cubique ou octaèdre, se condense au contraire sous forme fibreuse quand il a été vaporisé dans nos fabriques. La nature nous offre des exemples précis qui s'opposent d'ailleurs radicalement à cette hypothèse. Dans quelques marbres on voit des bélemnites et autres corps marins enveloppés par divers systèmes de filons en serpentaux; l'un de ceux-ci, par exemple, se compose de calcaire blanc; l'autre d'asbeste soyeux : ce dernier minérai ne peut être considéré comme le résultat d'une transsudation, puisqu'il est postérieur aux fossiles qu'il enveloppe et qui paraissent d'autant moins en avoir fourni les éléments qu'ils sont peu déformés, et cependant ses fibres sont perpendiculaires aux parois des veinules.

Concluons que la structure asbestoïde ne peut fournir aucun argument en faveur de la formation des filons par filtration d'un liquide au travers des pores d'une roche; elle résulte simplement d'une disposition des particules cristallines suivant un axe, comme la structure laminaire ou micacée provient d'un arrangement suivant deux axes, et enfin le cristal régulier d'un groupement suivant les trois axes qui constituent le solide géométrique; variations indépendantes de l'espèce et déterminées par des causes de nature très-diverse.

En résumé, la théorie dont Agricola a jeté les bases, explique très-bien le remplissage de certaines veinules et nodules; elle rend compte d'une foule d'accidents de détail; mais elle ne se prête au remplissage général des filons qu'à l'aide d'extensions forcées, telles que la transformation des terres en métaux et autres idées alchimiques, qui ne sont plus admises de nos jours.

CHAPITRE III.

Des filons, envisagés comme des fentes produites par des bouleversements locaux d'une certaine intensité, ouvertes par le haut et remplies uniquement par le haut.

Les géologues ne tardèrent pas à sentir l'insuffisance des théories précédentes; aussi Stahl, d'Oppel, Baumer, émirent dans leurs écrits sur les mines, celle que nous allons examiner; mais ce qui lui donne surtout une très-grande importance, c'est qu'elle a été appuyée par le célèbre Werner, qui a accumulé en sa faveur toutes les preuves que sa longue expérience et son génie observateur ont pu

lui fournir; nous donnerons donc à son exposé
tous les détails qu'elle mérite.

Stahl, le premier, dans son *Specimen Beche-
rianum*, admit d'abord que, dès les premiers
temps de l'existence du globe, il s'était formé
des fentes, qui furent ensuite remplies d'en haut
par les alluvions du déluge universel. Les exhalaisons qui se sont élevées du milieu du globe,
modifièrent ce premier dépôt, et le convertirent en minérai. Il rejeta ensuite ce premier aperçu, pour en revenir à la théorie de
la contemporanéité des filons et des roches.

Baumer conclut positivement que les filons
étaient postérieurs à la formation des montagnes, et qu'ils ont été formés sous l'ancienne
mer; car, dit-il, « ils sont souvent recouverts
« dans la Hesse par des dépôts stratifiés et
« schisteux, qui en rendent la découverte dif-
« ficile, et l'on trouve d'ailleurs dans leur in-
« térieur des corps marins pétrifiés. »

Mais ces premiers aperçus ne pouvaient se
soutenir devant les faits mieux étudiés, et par
conséquent aussi généralisés, lesquels démontrent que la masse complète des filons a été
formée peu à peu; qu'elle est très-variable dans
sa composition, et formée évidemment à des
époques différentes et très-éloignées les unes
des autres; qu'enfin dans les montagnes primitives il existe une grande quantité de filons
remplis de morceaux de roches qui constituent ailleurs des formations bien plus ré-

centes : d'où il suit naturellement que la durée
d'un déluge tel que celui de Moïse, serait infiniment trop courte pour expliquer un pareil
défaut d'uniformité et de structure.

Ces objections positives ont été faites par
Werner lui-même, aussi allons-nous passer
directement à la théorie de ce dernier.

Suivant ce célèbre géologue, tous les filons
proprement dits ont été d'abord, et de toute
nécessité, de véritables fentes *ouvertes par leur
partie supérieure,* et qui presque toutes se sont
ensuite *remplies uniquement par le haut.* Cette
théorie est donc basée, comme on voit, sur
deux faits distincts : le premier est la formation des fentes; le second consiste dans leur
remplissage.

Quant à la formation des fentes, il suppose
qu'elle peut résulter des causes suivantes:

1.° Les montagnes étant formées d'assises
accumulées les unes sur les autres, ont dû
subir l'action de leur poids, et par conséquent s'affaisser et se fendre. On voit encore
de temps à autre de pareils événements dans
les Alpes en Suisse, en Savoie, et dans le
Tyrol.

2.° Les eaux dans lesquelles les strates se sont
déposées s'étant retirées, des masses considérables de montagnes se trouvèrent privées de
cet appui, et cédèrent encore en se jetant
du côté qui se trouvait libre ou le moins sou-
tenu.

3.° Le retrait de la masse des montagnes, opéré par le desséchement, a été une nouvelle cause de rupture.

4.° Des tremblements de terre, tels que ceux qui eurent lieu en Calabre en 1783, ont encore formé des crevasses accompagnées d'écroulements; quelques-unes atteignirent jusqu'à un quart de lieue de longueur dans ce dernier événement.

5.° Enfin, des pluies intenses, en délayant certaines couches, peuvent donner lieu à des glissements de quelques strates d'une montagne, et par suite à des dislocations du sol: c'est ainsi que dans la Haute-Lusace, près de Wehrau et de Tiefenfurth, il a observé en 1767, année éminemment pluvieuse, des déplacements qui donnèrent lieu à des crevasses étroites, dont l'une avait plus de deux cents pieds de long, et l'autre près d'un quart de lieue, sur trois à quatre pouces de large.

Werner admet que ces événements, fréquents dans le principe, doivent devenir de plus en plus rares, et qu'il est même difficile qu'il s'en forme actuellement dans les montagnes anciennes, qui ont pu prendre en quelque sorte leur état d'équilibre stable.

Pour démontrer la seconde partie de sa théorie : savoir, que la substance des filons résulte d'une suite de précipités qui sont entrés par le haut dans l'espace qu'occupent les filons, il observe d'abord que les fentes

ont pu s'opérer en différents temps, et cela
pendant qu'elles étaient couvertes par les
dissolutions qui ont formé les couches; et
comme la nature des liqueurs a varié, ou
bien comme dans une seule et même liqueur
des précipités divers peuvent s'obtenir successivement, le dépôt des filons a été variable
suivant le précipitant, sans cependant différer
bien notablement de celui des couches. Les
différences résultent:

1.º De la plus grande tranquillité avec laquelle s'est opérée la précipitation dans les
filons que dans les couches;

2.º D'une moindre proportion de mélange
mécanique qui est venu troubler le précipité
des filons, ce qui est prouvé par la netteté des
cristaux, etc.;

3.º De ce que les fentes ont conservé et re-
tenu plus long-temps une dissolution, ou ont
pu en recevoir une nouvelle; aussi les filons
renferment-ils souvent des minérais de diverse
formation, tandis que les couches ne contiennent chacune qu'un fossile de même formation, et que leur masse est beaucoup plus
uniforme que celle des filons.

Il confirme ces aperçus par l'identité qu'il
trouve entre les sédiments qui constituent les
montagnes, et ceux qui forment les filons;
ainsi il cite des filons de porphyre, de granite,
de houille, de sel gemme, de basalte, de quartz,
de calcaire et d'argile; substances qui toutes

se retrouvent en couches, ou au moins en masses puissantes. Il cite encore les couches de galène de la Silésie, et celles de cuivre du Mansfeld; enfin il expose que les pyrites arsénicales, la blende, le cinabre, le cobalt et plusieurs autres minérais se trouvent indifféremment en couches ou en filons.

La seconde preuve du remplissage des filons par le haut, est celle déduite des galets et des pétrifications, qui ne peuvent pas y avoir pénétré autrement.

Enfin, en observant la constitution même de quelques filons, on voit qu'ils sont formés par un assemblage de couches parallèles aux salbandes, rangées symétriquement de part et d'autre; de plus, les couches les plus voisines des salbandes sont plus minces vers le haut; elles deviennent plus épaisses à mesure qu'elles s'enfoncent, et plus bas encore elles finissent par se joindre et se confondre. Est-il possible d'expliquer cette régularité et cet ordre autrement, qu'en supposant que les espaces dans lesquels se sont formés les filons, ont été remplis de dissolutions chimiques de nature différente, suivant les époques, lesquelles se sont condensées contre les parois, et ont gagné en puissance vers le bas en vertu de la pesanteur.

Tels sont les faits principaux sur lesquels Werner a basé sa théorie; ils sont pour ainsi dire extraits littéralement de son ouvrage. Nous ne pouvons mieux faire que de con-

seiller d'y recourir encore, pour se pénétrer
de ses vues sur les filons et y puiser des notions nombreuses et positives. Plusieurs géologues plus modernes, qui ont cherché à établir
de nouvelles théories, sont loin d'avoir montré ce degré de sagacité, et ce coup d'œil
observateur qui se manifeste à chaque page
dans son traité. Sans aucun doute, si la géologie, qu'il a pour ainsi dire créée, eût été développée dans son temps comme elle l'a été depuis par les travaux nombreux qu'il a suscités ;
s'il eût reconnu que les diverses chaînes de
montagnes résultent non pas de cristallisations locales, mais bien de grands plissements
de la surface du globe; s'il eût vu que ces
rides affectent un parallélisme remarquable
malgré les distances; s'il eût pu prévoir que
ce parallélisme est en rapport direct avec
l'âge des chaînes; alors, loin de rechercher
comme l'une des principales preuves à l'appui
de son système, les glissements locaux de quelques strates d'une montagne; au lieu de se
baser sur quelques crevasses sans continuité,
ni en longueur, ni en profondeur, il se fût,
sans aucun doute, servi de ces grandes actions dynamiques; il eût reconnu plus positivement que les filons sont en relation directe avec elles; fait qui n'avait toutefois pas
échappé entièrement à sa pénétration : il eût
admis alors que les filons devaient avoir une
profondeur pour ainsi dire centrale; et à

5

quelles amples et intéressantes découvertes son
génie ne l'eût-il pas conduit. Placé comme il
l'était dans un pays de mines, mineur lui-même,
nul doute que les lois générales qu'il eût établies n'eussent enfin affranchi l'industrie d'une
grande partie de ces tâtonnements perpétuels
qui font la ruine des exploitants et qui dis-
créditent dans l'opinion des gens prudents
presque toutes les spéculations qui ont pour
but l'extraction des métaux : aussi, que les
géologues réunissent enfin leurs efforts, qu'ils
achèvent la tâche qu'il a commencée, qu'ils
aient sans cesse devant les yeux, que le but
utile de la science qu'ils cultivent, est en
dernier résultat, la connaissance approfondie
des gîtes métallifères, et bientôt, il n'en faut
pas douter, celle-ci aura acquis, comme la
chimie et la mécanique, le double mérite de
l'utilité combinée avec les charmes qui em-
bellissent les questions purement théoriques.

Werner, disons-nous, à son époque, n'étant
pas encore muni des faits positifs qui démontrent les grandes actions souterraines, devait
nécessairement rechercher à la surface du
globe ce que l'intérieur lui voilait encore;
il a donc été conduit à supposer que les mêmes
eaux superficielles qui pouvaient avoir déposé
de vastes couches métallifères, telles que les
schistes cuivreux du Mansfeld, de la Thu-
ringe; les calcaires et les grès plombifères de
la Silésie et de Bleiberg; les dépôts stratifiés

de mercure du Palatinat, de la Hongrie, de la Bohème, de la Saxe et de l'Amérique; les lits nombreux des minérais de fer; les bancs de galets, de houille, de sel gemme; les masses de pyrites ferrugineuses, disséminées si abondamment dans les assises les plus diverses; les couches quartzeuses des terrains tertiaires, devaient aussi avoir rempli les crevasses du sol qui pénétraient jusqu'au jour, et constitué ainsi les filons métallifères par une série de précipitations successives.

Il s'appuyait, comme on voit, sur des faits aussi nombreux que positifs; mais rien ne s'opposait à ce que l'inverse eût lieu, c'est-à-dire, à ce qu'on admît que ce fussent au contraire des eaux qui, en sortant de la profondeur par les fentes, avaient déposé dans le trajet la matière des filons et ensuite aussi celle des couches en se répandant à la surface. Cette explication rendait même mieux compte de la distribution peu générale des couches métallifères. Aussi M. d'Aubuisson, qui sentit toute la valeur de leur exiguité comparative, combattit, le premier, cette théorie d'une manière péremptoire :

« Lorsque, dit-il, dans une contrée de cent lieues d'étendue, composée uniquement de roches de texture grossière, grès et phyllade, par exemple, je vois de nombreux filons de galène et de quarz bien cristallins; lorsque, dans des montagnes de gneiss d'une étendue

aussi grande, je trouve une multitude de filons
d'argent et de spath, et que je ne vois pas le
moindre indice de ces substances dans la
masse de ces montagnes, il m'est bien difficile
de concevoir que ces filons soient le produit
d'une dissolution qui, couvrant la contrée,
pénétrait dans les fentes et y déposait les matières dont elle était chargée. N'aurait-elle
donc déposé ses précipités que dans ces fentes?
Ou bien aurait-elle déposé des masses de gneiss
à la superficie du sol et des masses de spath et
d'argent dans les fentes de ce même sol? On conçoit bien qu'un précipité fait dans un lieu avec
plus de tranquillité, puisse donner un produit plus cristallin, mais non qu'il puisse former
des corps entièrement différents, par exemple,
du feldspath et du mica dans un lieu, du
plomb sulfuré et du spath calcaire dans un
autre. Ce serait admettre la transmutabilité
de la matière, celle de principes regardés
comme simples, et que tout nous indique être
tels. »

A ces objections on en joignit d'autres, sur
l'immense quantité du dissolvant et sur sa
nature qui devait réunir à la fois les propriétés des acides et des alcalis, puisqu'il tenait en dissolution en même temps les métaux
et le soufre, le calcaire et le quartz, etc.; enfin
ce n'était pas tout de dissoudre les matières;
mais il fallait encore séparer le dissolvant de
sa solution, et ensuite s'en débarrasser sans

qu'il réagît sur les roches déjà formées : action dont le résultat devait être en définitive énorme, puisque cet océan était tel qu'il a dû dominer les plus grandes hauteurs du globe sur lesquelles nous retrouvons des filons métallifères. Il suffit à cette occasion de rappeler que la mine de mercure de Guanca-Velica au Pérou, est à 2337 toises au-dessus du niveau de la mer actuelle, et qu'il existe des filons encore plus élevés.

Aussi Kirwan, qui était en garde contre cette difficulté, a cherché à la prévenir d'une manière singulière, en admettant l'existence d'un fluide chaotique, dans lequel toutes les substances étaient tenues en dissolution en vertu d'une excessive division, et il supposa qu'il était d'ailleurs lui-même en quantité très-insuffisante, en sorte que la précipitation avait eu lieu très-promptement.

De pareilles hypothèses sont trop hasardées pour que nous puissions y attacher la moindre importance. D'ailleurs les progrès de la chimie et de la physique ont tellement développé nos connaissances, qu'un grand nombre de substances regardées naguère encore comme insolubles, se forment maintenant avec facilité dans nos laboratoires; il nous sera donc complétement inutile de recourir à des moyens aussi extraordinaires, pour expliquer la production des matières minérales, quand la suite des faits nous aura amené à discuter cette question.

La théorie de Werner est donc en dernier résultat loin de satisfaire à toutes les conditions du problème. Cependant nous ne devons pas passer sous silence la description de divers gîtes, dont on a prétendu qu'elle rendait parfaitement raison.

Un des plus remarquables, sans contredit, serait le Putzenwerk de Joachimsthal en Bohème (planche 3); il consiste en une grande masse cunéiforme de wake, intercalée dans le phyllade, dont il coupe les strates en même temps qu'il traverse plusieurs filons, sans en changer la direction; il atteint une profondeur de plus de 400 mètres, et sa largeur qui, à la surface du terrain, excédait 100 mètres, ne se trouve plus que de 20 mètres à 300 mètres plus bas; il renferme des pierres de diverses espèces et des débris d'êtres organisés, parmi lesquels on trouve des arbres entiers avec leurs branches et leurs feuilles, à demi bituminisés, que les habitants du pays appellent *bois du déluge,* comme s'ils y eussent été portés et enfouis par le déluge universel.

Mais cette masse alongée ne diffère essentiellement en rien des autres filons basaltiques de même âge qui accompagnent les filons métallifères de la contrée et paraît même se lier à celui de Segen-Gottes, dont nous aurons occasion de parler quand nous traiterons des gîtes de ce district. Cet exemple a donc été mal choisi et ne peut nullement se rapporter aux

mines en sac proprement dites, dont la profondeur doit être limitée à une petite distance
du jour, d'après leur définition et la théorie
qu'elles doivent appuyer.

L'exemple du gîte de Maria-Loretta près
de Fatzebay en Transylvanie, pourrait être
plus concluant. Il consisterait, d'après de
Born, en une fente cunéiforme remplie de
grès en couches horizontales et contenant une
quantité d'or assez considérable pour être l'objet d'une exploitation importante. La présence
de l'or dans cette crevasse serait difficile à expliquer, si l'on ne se rappelait que presque
toutes les plaines de la Transylvanie et du
Bannat contiennent des particules de ce métal.

Sans vouloir donc rejeter entièrement l'au-
thenticité de cette preuve de la théorie Wer-
nerienne, nous ne pouvons cependant nous
dispenser de faire la remarque que ces grès
et minérais d'or pourraient bien être de simples
dépôts d'alluvion et rentrer par conséquent
dans la classe des failles remblayées de cailloux
roulés, d'argile plastique, de sable, de terre
végétale, de calcaire concrétionné et quelquefois farineux, de silex liés par un ciment
siliceux, qui sont si communs dans le calcaire
grossier des environs de Paris.

On rapporte à des formations analogues les
fentes remplies de brèches osseuses, que l'on
trouve aux environs de Nice et de Gibraltar
(fig. y), et M. Al. Brongniart a cherché à établir

dans divers mémoires insérés dans les Annales
des sciences naturelles (Août 1828 et Janvier
1829), que les dépôts de minérais de fer pisiforme du calcaire jurassique, et les brèches
osseuses, dont nous venons de parler, mon-
traient une concordance parfaite dans leurs
relations géologiques.

En effet, ce minérai est très-souvent super-
ficiel, et il ne se trouve guère recouvert que
par la terre végétale ou les alluvions modernes
(fig. x); cependant dans les environs de Candern, à Aarau et à Baden, il forme une couche
qui est recouverte par les formations des grès
et molasse de la Suisse, qui sont bien plus ré-
centes: dans d'autres cas il occupe des dépres-
sions et des cavités du calcaire jurassique,
configurées en forme de bassins, d'entonnoirs,
de fissures, de cavités sinueuses aboutissant
toutes à la surface du sol et dont les parois
présentent tout-à-fait l'aspect d'une pierre de
densité inégale, sur laquelle aurait coulé un
acide ou *tout autre liquide dissolvant.* Ces érosions sont quelquefois accompagnées de circonstances singulières, dont une des plus remarquables est celle que nous offre la mine
de Poissons dans la Basse-Champagne. D'après
la description qui en a été faite par M. Baillet,
ancien professeur d'exploitation à l'École des
mines, elle présente au milieu du minérai un
pilier isolé de forme arrondie, composé de
couches calcaires, semblables à celles du reste

de la montagne. L'exploitation l'avait mise à découvert sur une hauteur de près de quarante mètres, et son diamètre, qui avait deux mètres au sommet, allait en croissant par le bas, où il prenait jusqu'à quatre mètres. Ce pilier paraît avoir été détaché des couches collatérales lors de la dislocation qui a produit les fissures, et les remous du liquide dissolvant qui se sont établis à l'entour, semblent l'avoir tourné peu à peu, en lui enlevant toutes ses parties saillantes, et lui ont donné la forme cylindrique qu'il possède maintenant.

Les minérais pisiformes sont toujours accompagnés d'une argile ocreuse rougeâtre, qui enchâsse les globules ferrugineux, et l'on rencontre fréquemment parmi eux des ossements d'animaux, notamment de l'*ursus spelæus*, quelquefois de rhinocéros, de mastodontes, de lophiodon, de cerf, de cheval, etc.; mais ces débris sont principalement situés à la partie supérieure des gîtes : on n'y trouve du reste ni coquilles marines, ni fluviatiles; cependant ces ossements ne se retrouvent pas dans les parties des environs de Candern, sur lesquelles se sont superposées les molasses et les grès de la Suisse.

Tels sont les caractères généraux qu'offrent les gîtes du Liesberg, près de Delémont, du Mettemberg, des environs de Lucelles, de Châtenois, de Winkel, etc., dans les départemens du Haut-Rhin et du Doubs; on peut y rapporter les gîtes des minérais de Bruniquel, département de l'Aveyron, que M. Dufrénoy a signalés comme inclus dans les étages inférieurs de la formation jurassique; enfin ceux de la Carniole et de l'Alpe en Wurtemberg, etc.

M. Brongniart a donné une théorie de la formation de ces minérais que nous croyons devoir extraire pour ainsi dire textuellement de ses importants mémoires, craignant d'affaiblir la portée des expressions de cet illustre géologue.

« On peut les regarder, dit-il, comme un précipité d'oxide de fer fourni par les eaux minérales qui sortaient par les fissures ouvertes dans les calcaires compactes, jurassiques ou autres, avec l'abondance, l'impétuosité, la saturation, et avec toute la puissance d'action qui était l'attribut des phénomènes géologiques de cette époque.

« Cet hydroxide de fer pouvait être roulé en sphéroïdes par la double action du précipité et de l'émission de l'eau : il pouvait se répandre en partie à la surface du sol, avec l'eau qui s'épanchait des nombreuses sources dont on voit partout les traces; il pouvait aussi rester en partie dans les cavernes et fissures, mêlé avec les débris de la roche calcaire; il était uni par un ciment ferrugineux et calcaire, produit par les mêmes eaux.

« Cette théorie n'est guère que l'application

de ce que nous montre la nature dans quelques circonstances.

« On sait ce qui se passe à la sortie des sources d'eaux thermales de Carlsbad ; il s'y forme des pisolithes calcaires en abondance. Si la source, qui dépose aussi un peu d'hydrate de fer, était plus ferrugineuse, on aurait des pisolithes d'hydrate de fer.

« Ainsi, le minérai de fer pisiforme, tout-à-fait étranger aux eaux et aux animaux marins par son origine, son mode de formation et la nature du liquide qui le transportait, ne devait pas renfermer de coquilles marines.

« La grande catastrophe aqueuse qui est venue balayer la surface du globe, qui paraît avoir mis en mouvement les blocs erratiques et entraîné dans les cavernes et les fentes les débris d'animaux et de roches répandus dans leur voisinage, a de même rejeté dans les fissures et les cavernes jurassiques le minérai pisiforme qui en sortait, et en a rempli les vides que ces cavités pouvaient encore présenter. »

Cette théorie, qui, comme on le voit, consiste essentiellement à admettre le remplissage et en partie l'extension des cavités jurassiques, comme étant le résultat de l'action des eaux minérales, ne nous oblige pas cependant à considérer ces cavités comme n'ayant qu'une profondeur très-peu limitée, en un mot, comme étant de véritables *sacs*. Bien au contraire, nous voyons qu'elles doivent avoir par

leur origine même une très-grande étendue
verticale, puisqu'il est bien reconnu maintenant en géologie que les sources minérales ti-
rent en partie leur origine des parties intérieures du globe, et elles ont naturellement dû
trouver un chemin frayé depuis là jusqu'au
jour. Ainsi donc l'opinion que ces sortes de gîtes
sont de simples trous superficiels, plus ou moins
contournés et limités, doit être abandonnée,
et nous sommes conduits à ranger ces sortes
de dépôts parmi les véritables filons, en leur
attribuant seulement une forme particulière.
Les dépôts diluviens qui s'y rencontrent quelquefois, s'expliquent du reste si facilement
qu'il est inutile de s'y arrêter.

Malheureusement nous manquons de faits
positifs qui soient de nature à appuyer la
grande profondeur que nous attribuons à ces
cavités; car le peu de valeur du minérai empêche de s'attacher à atteindre de grandes profondeurs; cependant dans la Carniole on a déjà
foré des puits de près de 250 mètres sur ces gîtes,
sans qu'il soit dit qu'on en ait atteint le fond.

Pour achever de prouver que la forme
orbiculaire de ce minérai n'est pas due à
un simple roulis par un transport prolongé,
et qu'il a réellement pris sa forme sur place,
il suffit d'observer qu'il a une structure souvent fibreuse ou bien même testacée; d'ailleurs on observe dans les mêmes relations
géologiques et dans le voisinage des mines en

grains, d'autres structures accidentelles, qui ne peuvent plus présenter le moindre doute sur leur position en quelque sorte toute originelle. Ainsi, M. Brongniart a observé qu'à la mine dite du Ziegelkopf, voisine des précédentes, le minérai de fer hydraté est en masses qui ont pris la forme de véritables hématites brunes, compactes, à structure presque cellulaire; il forme avec les fragments de calcaire jurassique, qu'il enveloppe de toutes parts, une véritable brèche à ciment ferrugineux, et dans certaines parties de la mine, les cavités sont remplies de l'argile ocreuse qui accompagne les minérais pisolithiques; enfin, le tout est entremêlé de veines de calcaire spathique et cristallin, en sorte qu'il paraîtrait que cette régularité locale n'est due qu'à une précipitation moins troublée par le bouillonnement des eaux, et l'on retomberait ainsi dans les faits ordinaires aux filons métallifères.

On se rappelle d'ailleurs que c'est dans ces sortes de minérais pisolithiques en général que M. Berthier a reconnu de l'alumino-silicate de fer, ainsi que de petits octaèdres de fer titané : substances qui rendent ces minérais quelquefois attirables.

La défectuosité des exemples que l'on a recueillis en faveur de la théorie de Werner, nous prouve donc qu'elle n'est applicable tout au plus qu'à une partie du phénomène

complexe qui a amené le remplissage des
filons. Nous avons vu que les eaux de la surface ont pu charier dans ces fentes ouvertes
des sables, des argiles, des blocs, des débris
organiques, y déposer même quelques produits cristallins; mais tout cela est loin d'expliquer l'introduction des sulfures métalliques, qu'elles ne tenaient évidemment pas en
dissolution, et comme nous avons aussi démontré d'un autre côté que les infiltrations
au travers des roches latérales étaient tout
aussi insuffisantes, il ne nous reste plus qu'à
rechercher les résultats d'une troisième direction dans les transports, qui est celle de bas
en haut.

Celle-ci a été pressentie vaguement par plusieurs anciens géologues; mais ce n'est que
par suite des progrès les plus modernes de la
géologie, qu'elle a pu être développée conve-
nablement. En effet, il fallait être à même
d'établir clairement que les filons offraient
des points de contact nombreux avec les
grands phénomènes d'injection, d'épanchement, de sublimation, de fusion, qui ont modifié si fortement l'ancienne croûte du globe;
qu'ils se trouvaient fréquemment en relation
avec les faits que présentent les sources minérales, dont l'origine est si incontestablement
centrale, puisqu'elles-mêmes sont toujours en
rapport avec de profondes cassures, et enfin
il fallait retrouver parmi toutes ces actions

si nombreuses une série de faits palpables ou visibles, qui pussent nous expliquer clairement, par la similitude de leurs produits, comment la nature avait pu opérer à chaque grande commotion qui a troublé momentanément son instable équilibre : c'est ce qui nous reste à développer, autant du moins que les connaissances acquises nous le permettront.

CHAPITRE IV.

Des filons formés par les grandes dislocations du sol.

SECTION I.re

Relation des filons avec les diverses perturbations du sol encaissant et avec les causes qui les ont occasionées.

Les mineurs durent chercher de bonne heure s'il n'existait pas quelques relations entre la configuration extérieure du sol et la partie intérieure qu'ils exploitaient; ils se créèrent d'abord quelques règles, bonnes peut-être pour des localités spéciales, mais qui ne se vérifiaient plus quand il s'agissait de les appliquer à des pays différents. C'est ainsi que Délius déclare, que quand les montagnes présentent près de leurs sommités

culminantes des petits vallons à pente douce,
on rencontre dans leur fond des veines nobles, puissantes et riches; et cette règle s'est
trouvée vérifiée pour plusieurs des filons
des environs de Schemnitz. Il dit encore
que l'on trouve communément dans les montagnes une direction fixe vers un des points
cardinaux, et que les filons nobles suivent cette direction. Ceux de Chemnitz sont
encore dans ce cas. «On sait même par
expérience, ajoute-t-il, que s'il se trouve dans
une chaîne de montagnes minérales des veines
et des filons qui ont une direction contraire,
la plus grande partie se trouve stérile.»

Il avait donc déjà entrevu la loi que nous
nous proposons de développer dans cette
section.

Duhamel, dans son Traité de géométrie
souterraine, cite comme une observation importante, le parallélisme des principaux filons
et du cours des rivières ou des collines voisines; ce qui peut faire juger suivant lui si un
filon que l'on découvre peut être regardé comme le principal; mais il faut faire abstraction
en cela des coudes et des sinuosités de la rivière
que le filon ne suit pas d'ordinaire. Cette relation, que l'auteur a entrevue pour Freiberg,
se trouvera encore pleinement confirmée par
la suite. Le même auteur avait aussi entrevu
la constance qui existe dans la direction de
certains systèmes de filons pour une localité

donnée et la variation qu'elle éprouve d'une région à une autre; il cite pour exemple les filons de plomb de la Bretagne.

Werner, développant ces indications encore vagues, a tracé, le premier, dans sa Description du district des mines de Freiberg, l'allure de deux systèmes de filons très-différents, dont l'un court depuis neuf heures jusqu'à trois heures, et l'autre entre six et neuf heures, et croise par conséquent le précédent; il les a ensuite subdivisés en huit dépôts principaux, d'après la nature des minérais et d'après quelques intersections moins générales.

Le district des mines d'Ehrenfriedersdorff renferme aussi, suivant lui, des filons d'étain, courant entre six et neuf heures, et des filons d'argent, dont la direction est entre trois et neuf heures. Les premiers sont toujours coupés par les seconds.

C'est donc aux mineurs que l'on doit la première découverte de cette relation de parallélisme des grands accidents du sol dont le développement, poursuivi avec une si admirable sagacité par M. Élie de Beaumont, a ouvert pour ainsi dire une nouvelle carrière à la géologie. Les progrès de celle-ci sont d'ailleurs si intimement liés à l'art des mines, qu'il est permis dès ce moment d'entrevoir les immenses avantages qui en rejailliront sur cette branche, malheureusement encore trop conjecturale. Donnons donc

6

quelques détails qui puissent achever de
confirmer ces aperçus généraux, et tirons-en
toutes les conséquences permises dans l'état
actuel de la science.

A l'époque où nous étions chargé de la direction des mines du Katzenthal, près de Wissembourg, département du Bas-Rhin, nous
avons pu suivre en détail dans la formation
du grès vosgien, qui constitue tout l'ensemble
de la partie environnante des Vosges, les
nombreuses exploitations de fer hydraté, soit
fibreux, soit compacte, qui forment la principale richesse de cette localité. A ces gîtes
d'hématite sont associés des dépôts subordonnés de plomb phosphaté et de calamine. Les
plus importants de ces filons sont situés autour
d'une ligne droite, partant du Windstein près
Jægerthal, qui passe ensuite par Trutbrunnen,
Katzenthal, Frenschbourg, Rörenthal, Fleckenstein, Homberg, Schlettenbach, Erlenbach, et se termine, d'après de nombreux indices, auprès de Weidenthal, après une course
d'environ cinq lieues. Sa direction, sur environ
trois heures, est aussi celle qu'affecte cette
partie de la chaîne des Vosges, et sur toute son
étendue on peut suivre, soit les exploitations
elles-mêmes, soit les indices de minérais répandus à la surface.

Le filon plombifère d'Erlenbach, si connu
pour la beauté et la richesse de ses minérais
de plomb phosphaté, et qu'il ne faut pas d'ail-

leurs confondre avec ceux de la ligne précédente sur laquelle les minérais de fer paraissent s'être principalement concentrés, offre néanmoins une relation de parallélisme qui, jointe à tous les caractères minéralogiques en général, dénote déjà une certaine contemporanéité de formation.

Dans les Vosges les vallées principales sont assez généralement perpendiculaires à la direction de la chaîne; cependant le fertile bassin de Lembach présente ici une anomalie remarquable. Encaissé entre deux chaînons, il obéit à la même loi que les filons, et suit comme eux la direction de la chaîne des Vosges. Il présente d'ailleurs une disposition d'autant plus singulière, que le cours principal des eaux y est en contrepente par rapport à tous les autres, dont la tendance est vers le nord; tandis qu'ici il se dirige au contraire presque directement vers le sud.

Nous n'hésitons donc pas à attribuer la formation des filons et celle de cette vallée, à un système de cassures formé par le soulèvement de cette partie de la chaîne des Vosges avant l'époque du grès bigarré; car celui-ci s'est déposé dans cette dernière avec le muschelkalk.

La puissance des principaux filons de cette localité présente encore un fait bien remarquable; car au Fleckenstein une galerie poussée du toit au mur, a donné une étendue de cent trois mètres de puissance, dont une faible portion, distribuée au mur et au toit seulement, est réellement métallifère; mais toute la masse du grès intercalé trahit, par sa teinte variable, ses nombreuses veinules ferrugineuses et les dislocations qu'elle a éprouvées, la double action chimique et mécanique, à laquelle elle a été soumise. Une pareille dimension est certes bien capable de rendre raison de la formation de la vallée de Lembach par une faille.

Cette multiplicité et grande étendue des fractures m'a paru, dans cette partie des Vosges, se trouver en relation directe avec une apparition de roches primitives qui ont percé ici de nouveau au jour après une longue interruption. Ainsi on voit les granites amphiboliques et les porphyres rouges quartzifères reparaître pour la première fois au sud sous le Windstein et près des forges du Jægerthal, tandis qu'au nord, dans la vallée de la Lauter, auprès de Wissembourg, on trouve diverses roches schisteuses compactes, et des espèces d'aphanites plus ou moins glanduleux.

L'Auvergne nous offre dans les environs de Pontgibaud un second exemple frappant de cette corrélation. Le plateau primitif qui en constitue la masse dans les environs de Pontgibaud se compose d'une série de chaînons, dirigés sur environ deux à trois heures de la boussole.

Le premier est compris entre l'Allier et la Sioule, le second entre celle-ci et le Sioulet, le troisième prend sa naissance au Sioulet, et s'étend davantage vers l'ouest; chacun d'eux présente une pente des plus abruptes vers l'est: il résulte de cette disposition un premier parallélisme entre les principaux cours d'eaux et les arêtes culminantes : mais les relations se poursuivent plus loin; car les principales chaînes volcaniques du Puy-de-Dôme et de l'ouest de Pontgibaud, implantées toutes deux sur les arêtes précédentes, en suivent naturellement les directions. En outre la grande bande houillère, qui prend naissance aux environs de Mont-Marault, s'avance aussi parallèlement, en passant par Saint-Éloy, Saint-Priest, Pont-au-mur, Saint-Gulmier, et atteint auprès de Messeix les dépôts analogues qui longent ensuite les bords de la Dordogne.

Enfin, la principale formation métallifère en filons de ce pays est encore assujettie à cette loi; car elle s'étend en ligne à peu près droite, depuis les mines d'antimoine d'Angles, situées à son extrémité connue vers le sud, jusqu'aux environs de Nades et de la Lizolle, dans le département de l'Allier, où l'on retrouve encore des exploitations d'antimoine et de plomb. Cette étendue est d'environ six à sept lieues.

Nous sommes loin de prétendre que cette bande soit un seul et même filon; car en plusieurs points il paraît y avoir des intermittences, pour lesquelles nous sommes dans une ignorance complète sur la suite de la formation, et d'ailleurs plusieurs d'entre eux, tels que ceux de Barbecot, Pranal, des Combres, etc., sont évidemment en relation de simple parallélisme et non de continuité. Cependant, en admettant même un morcellement, il n'en est pas moins vrai que la constance des gisements métallifères sur cette ligne est un fait très-frappant.

D'ailleurs, de grandes étendues ont été observées avec toute la rigueur possible, notamment celle comprise entre Angles, au sud de Pontgibaud, jusqu'à Pranal, au nord de la même ville ; car immédiatement après Angles, on trouve sur la même direction des filons de cuivre bien marqués au pied de la montagne de Banson ; puis on arrive à Say, où le terrain, devenu moins accidenté, permet d'en suivre constamment la trace, qui passe par Roure, Rosiers, Mioche. Elle est masquée à Laudine par un lambeau basaltique, après lequel on retrouve des fragments détachés de plomb vert, disséminés dans les champs des environs de Labrousse et de Bromont : stations très-rapprochées des mines de Pranal.

Au-delà de cette partie bien connue, on peut suivre de fréquentes traces de gangues, telles que la baryte sulfatée, jusqu'auprès de Chapdes, où les données positives commencent à manquer; mais on sait qu'il existait d'anciennes exploitations auprès de Blot-l'Église, où l'on retrouve encore des déblais, et dans ce moment on travaille à des recherches auprès de Nades, sur des filons qui ont déjà fourni d'assez beaux échantillons de sulfure d'antimoine.

A cette ébauche déjà si frappante, ajoutons quelques détails locaux, qui achèveront de démontrer l'intimité de ces relations.

L'ensemble du terrain primitif de l'Auvergne se compose de micaschiste, gneiss et stéaschiste, qui paraissent y être les roches les plus anciennes, car elles sont traversées par toutes les autres : elles se brouillent assez fréquemment entre elles; cependant il règne dans l'ensemble une certaine disposition générale, qui peut faire supposer que le micaschiste est plus abondant sur les hauteurs, et le stéaschiste, au contraire, dans les vallées. Le gneiss prend surtout de l'extension aux approches des grandes masses de granite, quoiqu'il se retrouve dans la confusion des schistes micacés et stéaschistes, cependant avec des caractères différents.

Une autre roche dominante, qui est un granite à petits grains, a jeté de nombreux filons dans les masses précédentes, et a percé au jour en grandes masses, en sorte qu'il paraît avoir exhaussé une première fois le plateau de l'Auvergne; il occupe quelquefois une

situation intermédiaire entre les grandes hauteurs primitives et les vallées, en dessinant
ainsi un étage distinct. Un second granite a
encore paru en plus grandes masses; il a percé
au travers de toutes les formations schisteuses:
c'est le granite à gros grains ou porphyroïde,
qui constitue en général les grandes hauteurs
sur lesquelles sont implantées les formations
volcaniques.

Enfin une dernière formation, celle des
porphyres quartzifères, qui se présente uniquement en filons plus ou moins puissants,
a traversé indistinctement toutes les formations précédentes sans les déranger très-nota-
blement, parce qu'elle ne se montre que rarement en grandes masses; mais ce qu'il y a de
remarquable, c'est que cette roche est asso-
ciée en quelque sorte aux filons métallifères;
elle se retrouve au moins constamment sur
la bande que nous avons établie précédemment. Ainsi elle est abondamment répandue
à Saint-Pardoux et auprès de Blot-l'Église;
elle reparaît auprès de Pranal, où elle forme
l'une des épontes du filon vertical de galène
du *Jour-de-l'an*, dont l'autre éponte est du
micaschiste; elle marche ensuite constamment
avec les filons, en s'en écartant faiblement à
droite ou à gauche, et les croisant ou plutôt
étant croisée par eux, et ils parviennent ainsi
dans leur route commune a Mont-la-Côte,
au-dessus de Say, où le porphyre forme des

murs saillants par suite de la destruction qu'a
éprouvée le granite à gros grains qui l'encaisse
dans cette localité.

Cette relation entre les filons métallifères
et le porphyre est donc un fait très-frappant
par sa généralité et par sa constance, qui vient
ajouter un dernier trait au parallélisme que
nous venons de signaler entre les vallées, les
arêtes culminantes, les lignes volcaniques et
les dépôts houillers.

Ce porphyre est encore bien remarquable
à un autre titre ; car il ne diffère en rien de
celui qui a été signalé ailleurs sous le nom
de *porphyre métallifère*, comme étant la roche
productive par excellence. Les échantillons
que nous avons été à même de comparer avec
ceux de l'Amérique, rapportés par M. Bous-
singault, nous ont convaincu de leur identité
parfaite et nous ont porté à rechercher s'il
ne se retrouverait pas en d'autres pays de
mines. Effectivement, il existe abondamment
en Bretagne, notamment auprès de Poullaouen, dans tous les points-métallifères des
Vosges, tels que Sainte-Marie-aux-Mines,
Giromagny, les vallées de Saint-Amarin, de
Massevaux et de la Brusche ; il paraît aussi en
Saxe, à Joachimsthal en Bohème, et l'Elvan
du Cornouailles s'y rapporte encore.

Il est formé d'une pâte généralement peu
colorée ou rougeâtre, ou brune, qui renferme
des cristaux de feldspath, quelquefois très-

volumineux et un peu vitreux, du quartz prismé ou en globules plus ou moins clair-semé, du mica en petites lamelles noires ou bronzées, et comme fondu avec la pâte; enfin, comme minérais accidentels, on y trouve des pinites, des tourmalines, des épidotes vertes, de l'am-phibole, etc. Il est encore quelquefois ac-compagné de salbandes d'une matière mica-cée, à laquelle il peut passer graduellement; souvent même, le porphyre disparaissant, on ne retrouve que ces salbandes.

La pâte de ces porphyres, en se surchar-geant d'une matière verte amphibolique, les fait passer aux grünsteins porphyriques et aux aphanites, avec lesquels ils s'associent quelquefois, mais qui dominent aussi exclu-sivement dans d'autres contrées, telles que la Hongrie, où ils conservent leur propriété métallifère.

Nous avons cru devoir entrer dans ces dé-tails, parce que, ces roches jouant, à ce qu'il paraît, un certain rôle dans la production des filons métallifères, il est essentiel d'être pré-venu de ces relations, qui peuvent conduire à la découverte des métaux; c'est même à un porphyre analogue, désigné par M. Léo-pold de Buch sous le nom de porphyre rouge, que ce célèbre géologue a attribué le soulè-vement des continents. Il deviendrait donc facile de concevoir que son rôle a été de dis-loquer le sol et de le préparer ainsi en quelque sorte à recevoir les infiltrations métalliques : phénomènes qui ont pu être produits pareillement dans d'autres localités par d'autres roches ignées, en sorte que le porphyre perd un peu de son importance sous ce rapport. M. de Humboldt, dans son Essai géognostique sur le gisement des roches, a même cru devoir faire justice du titre qu'on lui avait décerné, d'après des données trop peu généralisées, en observant à son sujet que plus on avance dans l'étude de la constitution du globe sous les différents climats, plus on reconnaît qu'il existe à peine une roche qui, dans certaines contrées, n'ait été trouvée très-argentifère.

Outre les relations que nous avons déjà signalées pour les filons des environs de Pontgibaud, il existe encore dans ceux-ci quelques traits frappants, que nous ne devons pas passer sous silence.

Tous ces filons, qui, comme nous l'avons observé, ont traversé indistinctement toutes les formations de schistes, de granites à petits grains et de porphyre quartzifère, depuis Pranal jusqu'à Rosiers, éprouvent une modification sensible dans leur allure, vers la rencontre de l'immense amas de granite à gros grains qui constitue le plateau de Gièle et de Tracros. Ce granite, en perçant le sol schisteux pour se faire jour, l'a fracturé violemment, en sorte que les filons se multiplient pour ainsi dire

sous les pas dans la vallée de Rosiers. Une
partie d'entre eux se trouve ensuite arrêtée
brusquement dans les escarpements abruptes
de la vallée transversale qui descend de
l'étang d'Augère à la vallée de Roure : escarpements formés par la tranche d'un gneiss granitoïde, redressé par le granite à gros grains,
qui occupe le côté droit de la vallée; mais
celui de ces filons qui passe le plus près du
village de Roure, subit une déviation très-
marquée vers l'est en contournant la masse
de granite à gros grains et glissant ensuite
entre celui-ci et le granite à petits grains.
Après ce dérangement momentané il reprend
la direction primitive pour continuer ainsi
sa route sans la moindre interruption, jusqu'à Say et au-delà.

Nous avons dû insister sur tous ces faits,
parce qu'ils nous offrent des exemples frappants des relations des filons avec les accidents
résultant des grandes perturbations du sol.
En effet, tantôt ils ont traversé indistinctement
les roches antérieures, tantôt ils ont été déviés
par elles, puis ils ont glissé entre les surfaces
de jonction des diverses masses, comme nous
l'avons vu entre le porphyre quartzifère et le
schiste micacé au Jour-de-l'an, et entre le
granite à gros grains et celui à petits grains
au-delà de Roure jusqu'à Say.

Jusqu'à présent nous avons insisté sur le
parallélisme qui existe le plus généralement

entre les grandes lignes métallifères; il tient
à ce qu'en général le soulèvement des montagnes s'est fait suivant des lignes droites; mais
si l'action, au lieu d'être linéaire, s'était effectuée en un point en quelque sorte central,
alors il devrait y avoir convergence dans les
cassures, qui se disposeront sous une forme
étoilée. Les exemples de filons métallifères
ainsi disposés nous manquent encore; mais
aussi l'étude de ces sortes de dislocations du
sol est si neuve qu'il ne faut pas être étonné
de ce défaut d'observations.

On conçoit encore que ces relations peuvent
se compliquer singulièrement dans des régions fortement accidentées. Des systèmes
nombreux et peu prolongés s'interceptent réciproquement, et il n'est plus permis de compter sur les lois ordinaires; ainsi M. Fénéon,
professeur de géologie à l'école des mineurs
de Saint-Étienne, a reconnu qu'il existait une
liaison intime dans les Alpes entre les porphyres noirs, les variolites du Drac, les
roches serpentineuses et diallagiques, les
filons de plomb, les nids de cuivre de Barles;
les amas de fer oxidulé de Traverselle et de
Cogne, le filon de titane de Moutiers; les
schistes noirs verdis, rougis et calcinés,
l'anthracite convertie en coke et même en
graphite, les amas de gypse et de dolomie,
et les masses de grès qui prennent les caractères de quartz compacte et de micaschiste,

etc.; faits qui prouvent évidemment que tous
ces phénomènes se sont faits à peu près au
même instant que la grande faille de Dragui-
gnan à Nice, après le dépôt des terrains tertiaires, et durant le soulèvement principal
de cette immense chaîne de montagnes; mais
qui sont certainement loin de présenter des
relations d'association aussi nettes que celles
que nous avons exposées pour l'Auvergne et
les Vosges.

Cette constance de rapports entre les roches
non stratifiées et les filons métallifères avait,
d'un autre côté, encore frappé une multitude
d'observateurs et de géologues. M. le docteur
Boué fut le premier à l'indiquer d'une manière générale.

M. Necker, frappé par des rapprochements
analogues à ceux que nous venons d'établir, a
été conduit à embrasser la question dans toute
sa généralité, et il a examiné s'il n'y avait pas
auprès de chaque gisement métallique connu
des roches non stratifiées, ou dans le cas contraire, s'il n'y aurait pas des faits tirés de la
constitution géologique de la contrée qui mè-
neraient à conclure que des roches non stratifiées peuvent s'étendre sous le district métallifère et à peu de distance de la contrée.

Pour le premier point, il a montré par de
nombreux exemples, tirés de l'Angleterre, de
l'Écosse, de l'Irlande, de la Norwège, de la
France, de l'Allemagne, de la Hongrie, des

Alpes, du sud de la Russie et des rives du
nord de la mer Noire, que les grands districts
de mines de tous ces pays sont liés immédiatement aux roches non stratifiées, et de plus
il cite à l'appui de cette solution, les porphyres
métallifères de Mexico et les granites aurifères.

A l'égard de la seconde question, il donne
une coupe du pays entre Valorsine et Servoz,
et démontre l'extension probable du granite
de Valorsine, sous les Aiguilles rouges et le
Brévent.

Il cite encore les dépôts métallifères de
Vanlockhead et de Lead-Hills, ceux de Huelgoët et Poullaouen en Bretagne, ceux de
Macugnana et d'Allagna au pied du Mont-
Rose, de la Sardaigne, de Corse et de l'île
d'Elbe. Il renvoie aux filons métalliques des
Vosges, de la Brescina dans les Alpes et de la
chaîne des Altaï : toutes mines qui se trouvent dans les districts où l'on sait qu'il existe
des roches non stratifiées.

Il donne même une esquisse des contrées
entre les Alpes et l'extrémité sud-ouest de l'Angleterre, et il montre que les roches ignées
et les dépôts métalliques manquent à la fois
dans la totalité des districts qui s'étendent du
pied des Alpes à travers la vallée du lac Lé-
man, le Jura, les plaines de la Franche-Comté
et de la Bourgogne, et dans les formations du
calcaire oolithique, du sable vert, de la craie

et dans les couches tertiaires du nord-ouest de la France, dans les formations secondaires et tertiaires de l'Angleterre jusqu'au Devonshire, mais qu'au contraire, aussitôt que les couches non stratifiées reparaissent, il en est de même des filons métalliques.

Quant à la loi de relation des masses ignées avec les gisements métallifères, il établit que les mines sont plus abondantes au voisinage du granite, de certains porphyres, des syénites, des amygdaloïdes et des trapps, qu'il appelle couches sous-jacentes non stratifiées, que dans les plus nouveaux porphyres, les dolérites et les terrains volcaniques, qu'il distingue sous le nom de couches sus-jacentes non stratifiées.

Tous ces faits le conduisent donc à recommander au mineur de se laisser guider par le principe de la connexion des roches non stratifiées et des gisements métalliques : c'est en cela que ce géologue a rendu à la science un véritable service; car il a complétement démontré que ce n'était plus à la composition même des roches qu'il fallait s'en rapporter pour chercher les gîtes métallifères, mais seulement à leur état de dislocation par l'injection d'une roche plutonique; vérité que nous apprécierons de plus en plus à mesure que nous approfondirons notre sujet.

SECTION II.

Relation réciproque des divers systèmes de filons qui occupent un même district.

Dans la section précédente nous n'avons considéré que les dislocations les plus marquées que peut présenter une contrée, pour bien faire ressortir leur liaison avec les filons. En même temps nous avons fait sentir que souvent il y avait complication dans les phénomènes quand la localité a été plus ou moins tourmentée. Il importe donc d'examiner maintenant si cette complication ne serait pas assujettie dans la plupart des cas à de certaines lois, à l'aide desquelles on pût, non-seulement retrouver un filon interrompu et rejeté dans sa marche à des distances variables, mais encore en découvrir de nouveaux et même constater d'une manière précise leur âge relatif.

La première loi qui dut, sous ce rapport, frapper les mineurs, fut, sans contredit, celle du parallélisme des filons entre eux : c'est ainsi qu'au nord de Pontgibaud la grande bande métallifère dont nous avons parlé précédemment, se compose, non pas d'un seul filon isolé, mais de plusieurs veines qui affectent une direction commune; tel est le cas pour celles de Barbecot, de Pranal, des Combres et plusieurs autres intermédiaires, dont il est inutile de parler. Au sud de la même localité, la même constance

7

se remarque dans les nombreux filons qui
croisent la petite vallée de Rosiers.

Cette relation s'observe d'ailleurs dans la
plupart des pays de mines, et il est inutile de
s'appesantir sur des exemples à ce sujet, qui
n'ajouteraient rien à ce que nous avons déjà
pu faire sentir à cet égard. On conçoit, du
reste, assez combien cette donnée doit être
prise en considération, quand il s'agit de
choisir l'emplacement des grandes galeries de
communication, de roulage, d'aérage ou d'é-
coulement; elles devront toujours, autant que
possible, être poussées perpendiculairement
à la direction du filon pour lequel elles sont
destinées, et de cette manière elles offriront
le double avantage de servir au but essentiel,
à l'exploitation, en même temps qu'elles pro-
curent la chance de faire découvrir de nouveaux gîtes, qui seraient peut-être restés éter-
nellement masqués à leur affleurement par la
végétation ou par d'autres causes superficielles.

Mais un même district de mines peut encore
avoir été affecté par d'autres causes qui ont
contribué à lui imprimer son relief en agis-
sant avec des intensités différentes et à des
époques diverses, d'où résultera un second
ou un troisième, ou plusieurs autres systèmes
de filons qui croiseront le premier sous des
angles relatifs à la direction de chacune des
forces perturbatrices. Les travaux de M. Élie
de Beaumont nous fournissent de nombreux

exemples de l'influence de ces actions successives sur la configuration des montagnes, et
l'on verra par la suite combien leur étude
géologique, considérée sous un point de vue
général et élevé, devient nécessaire; et qu'un
directeur d'exploitation qui la négligerait
pour ne s'attacher qu'aux menus détails, s'ex-
poserait ainsi à se perdre au milieu des rejets
nombreux qu'un pays fortement accidenté
peut lui présenter.

Avant de présenter les exemples compliqués que la nature nous offre sous ce rapport,
prenons les faits isolés, et voyons ce qui s'est
passé dans divers cas particuliers où il y a
eu influence réciproque de divers filons, pris
un à un, et cherchons à en déduire la connaissance de leur âge relatif.

Les phénomènes qui résultent de cette corrélation proviennent, soit de leur parallélisme,
soit de leur rencontre sous des angles divers.

Relativement au parallélisme, on peut
poser comme axiome fondamental suffisamment justifié d'ailleurs par tout ce que nous
avons déjà exposé, que deux filons voisins
et parallèles, remplis exactement des mêmes
matières et dont la structure est semblable,
sont contemporains. Cette concordance, parfaite en tous points, n'a pas toujours lieu
dans la nature, même dans les filons les
plus rapprochés. Souvent ils diffèrent en ce
que quelques minérais abondants dans l'un

manquent dans l'autre; on peut en conclure
quelquefois que l'un est postérieur à l'autre;
mais ici la conséquence, pour être complètement rigoureuse, a besoin d'être appuyée sur
des considérations très-détaillées, déduites de
l'ensemble des filons du district; car l'un d'eux
peut contenir en abondance certains minérais
qui manquent dans le filon voisin, et cependant les fentes peuvent être exactement contemporaines; mais le remplissage de l'une a
pu être influencé, soit par la dimension de
la fente, qui a pu permettre une plus ou moins
grande affluence de matière minérale, soit
par la nature des parois, dont nous avons déjà
précédemment fait apprécier l'action sur les
dépôts effectués, soit, enfin, parce que le remplissage s'étant effectué par périodes, les produits propres aux unes ont pu se manifester
dans l'un des filons et non dans l'autre.

Les mineurs désignent la marche parallèle
et très-voisine de deux filons, qui ne se con-
fondent pas, en disant qu'ils se *traînent réciproquement*, et l'un prend le nom de *filon
du toit*, l'autre celui de *filon du mur*, suivant
leur position relative. Ce cas se présente assez
fréquemment dans les mines pour que l'on
puisse poser en règle générale la nécessité de
chercher ce filon voisin à l'aide de traverses
poussées dans le mur ou le toit d'un filon que
l'on exploite; il est même à remarquer que
ces filons sont souvent si intimement associés

que quand le minérai vient à manquer dans l'un d'eux, il abonde alors dans la partie correspondante du voisin. Cette observation est cependant sujette à de nombreuses exceptions.

Quand le parallélisme n'est pas complet, et que les filons, après avoir marché ensemble quelque temps, finissent par se confondre, on dit qu'ils se *joignent* ou qu'il y a *ramification* et *embranchement* , et quelquefois on ne voit plus aucune séparation entre eux. D'autres fois cependant, après quelque temps d'une allure commune, il y a de nouveau séparation, et c'est ordinairement dans la partie où l'allure a été commune, que l'on rencontre un renflement et que se trouvent les plus grandes richesses métallifères; aussi les mineurs disent proverbialement que les *filons se fécondent en s'accouplant.*

Il n'est pas difficile de se rendre compte du fait, si l'on réfléchit que sur cette étendue la matière de deux filons se trouve non-seulement réunie, mais encore qu'il y a ordinairement là une plus grande dilatation, puisqu'elle est un des points principaux d'application de la cause de rupture. On peut la considérer en un mot comme un point central où les actions dynamiques et chimiques ont concouru à la fois pour amener une plus grande quantité de matière métallique.

A Pontgibaud, les filons de Barbecot et de Branal sont ainsi en relation directe, chacun

avec un autre filon, qui croise le filon principal sous un très-petit angle. Ceux de Barbecot,
après s'être coupés en forme d'un X peu ouvert, paraissent avoir une tendance à revenir
l'un vers l'autre; mais après avoir marché
quelque temps suivant un angle qui semble
devoir les réunir une seconde fois, l'un d'eux,
que l'on a suivi avec plus de constance, est
rejeté tout à coup d'une petite quantité; puis
il semble revenir et éprouve un nouveau rejet
de quelques pieds, sans fissure transversale
visible, et ainsi de suite, en sorte que son allure, dans la partie où ce phénomène s'est
présenté, ne ressemble pas mal à une série
de marches curvilignes, posées verticalement.
Malheureusement il a fallu, pour la régularité de l'exploitation, détruire tous ces esca-
lons, dont l'ensemble eût été vraiment remarquable.

A Pranal on a remarqué encore un fait bien
plus singulier et difficile à expliquer au premier coup d'œil : il consiste en ce que les filons
ne se sont pas montrés avec leur maximum
de richesse pendant leur allure commune;
mais le filon principal s'est trouvé d'une richesse extraordinaire et avec une puissance
d'environ quatre à cinq mètres, immédiatement avant la jonction avec le voisin, tandis
que sa dimension ordinaire ne dépasse guère
un mètre. Il est facile d'expliquer cette anomalie, en la considérant comme étant le

résultat de l'éboulement d'un coin triangulaire et alongé, qui s'est détaché du toit de la roche encaissante sur une certaine étendue en longueur et en hauteur, par suite de la forte dislocation qui a dû avoir lieu vers ce point; il s'est formé ainsi un vide local, qui s'est comblé de minérai, d'autant plus facilement que les deux filons sont à peu près contemporains. Cette explication acquiert même un certain degré de probabilité si l'on ajoute qu'à une profondeur d'environ dix mètres le filon n'offrait déjà plus cette puissance qu'il avait à l'affleurement.

Ces filons voisins ont encore offert une autre loi, qui souffre cependant aussi des exceptions : l'un d'eux a généralement une inclinaison beaucoup plus forte que l'autre, en sorte que leur réunion doit avoir lieu dans la profondeur.

Il résulte de ces divers faits qu'un filon principal peut présenter des ramifications verticales aussi bien qu'horizontales. Une corrélation pareille paraît avoir eu lieu entre les diverses branches verticales que l'on exploitait autrefois à Poullaouen, avant ou en même temps que le filon principal, et qui se sont toutes réunies à lui dans la profondeur.

Des filons voisins qui courent ensemble sous un petit angle, paraissent quelquefois vouloir se joindre; mais au moment où ils devraient se réunir, l'un d'eux s'écarte de sa direction primitive, de manière à former comme un K. Le fait s'est présenté pour un des filons de Sainte-Marie-aux-mines, qui tendait d'abord à couper celui de Surlatte, et s'en est éloigné ensuite sans le toucher.

Il n'est pas toujours facile de distinguer si deux filons parallèles et très-rapprochés, comme ceux que nous venons de décrire, sont réellement distincts, ou bien s'ils ne sont que des embranchements d'un filon principal, occasionés par une extension que les fractures ont pu prendre dans le sol encaissant, ou, enfin, s'ils ne sont que le résultat d'une seule fracture dans laquelle se sont interposées des masses stériles. Cependant on peut admettre qu'ils rentreront dans la première catégorie, s'ils se soutiennent sur de grandes étendues et avec tous les caractères de vrais filons; car les ramifications produites par les simples extensions de fractures, sont sujettes à dégénérer promptement en petites fissures à peine sensibles ou à se perdre complétement. D'un autre côté, enfin, les filons, divisés par des blocs de roches stériles, analogues à celles encaissantes, seront aisés à reconnaître parce qu'ils offrent ordinairement ces roches intercalées dans un grand état d'altération et de dislocation, provenant des actions dynamiques et chimiques, qui ont eu lieu lors du remplissage et de la formation des fractures : c'est ainsi que dans le vaste filon de Fleckenstein, près de Lembach, dont nous avons déjà parlé, la zone intermédiaire de grès vosgien qui sépare le filon du toit de celui du mur, est tellement altérée dans sa couleur, si disloquée, et présente tant de veinules de fer hydraté, analogue à celui qui se trouve en abondance au toit et au mur, qu'il est impossible de ne pas considérer le tout comme ne formant qu'un seul et même groupe. Quoi qu'il en soit de ces considérations souvent purement théoriques, le fait de l'association de ces filons n'en est pas moins constant.

Passons actuellement aux circonstances que présente le croisement des filons qui a lieu sous un angle très-ouvert. Il résulte encore de ces intersections et de ces rencontres des accidents nombreux qui méritent des dénominations particulières pour le mineur, auquel les faits les plus minutieux ne sont pas indifférents, et qui d'ailleurs conduisent aussi à des conséquences générales en géologie.

De même que pour le cas du parallélisme, on peut encore poser comme axiome que deux filons sont contemporains quand ils se croisent en un point et qu'ils sont d'ailleurs remplis tous deux de matières homogènes. Ce cas, très-rare pour les grands filons, a lieu fréquemment dans les petites dislocations des roches produites par le tressaillement, le retrait ou autres accidents, et l'on trouve souvent des fragments isolés, des cailloux roulés,

traversés en forme de croix par des veinules
d'une matière quelconque, identique dans les
diverses branches. On ne peut émettre d'autre
hypothèse à leur égard que celle de la contemporanéité absolue; mais ordinairement,
quand deux filons hétérogènes se rencontrent,
l'un des deux traverse l'autre sans interruption, et le divise en deux parties. Le filon
coupant prend le nom de *croiseur*, quand il
est métallifère, et celui de *faille* ou de *fente* s'il
est stérile. *Le filon coupé et traversé par l'autre,
est nécessairement le plus ancien des deux.*

Cette loi fondamentale si simple avait passé
inaperçue jusqu'à Werner, et elle est, sans
contredit, une de celles qui ont rendu le plus
de services à la géologie, en permettant de
préciser l'ordre des formations non stratifiées
avec la même exactitude que la loi de superposition, sur laquelle les géologues s'appuient
pour conclure l'âge des dépôts sédimentaires.

Cette *intersection* de deux filons a quelquefois lieu sans autre dérangement qu'un simple
écartement des parties coupées; mais le plus
souvent il y a en même temps déplacement
dans un sens ou dans l'autre, et l'on dit alors
qu'il y a *rejet* ou que le nouveau filon a *dérangé*
le premier, ou qu'il l'a *jeté hors de sa direction.*

Ces rejets des filons doivent fixer d'autant
plus vivement l'attention du mineur, qu'ils
peuvent lui faire perdre subitement tout le
fruit de ses travaux. Il suffit, pour s'en con-

vaincre, de considérer que non-seulement le déplacement peut avoir lieu à des distances considérables, comme nous en verrons des exemples, mais encore qu'il n'existe pas de loi absolument rigoureuse, indiquant dans quel sens il faut marcher pour retrouver la partie perdue. Cependant une longue expérience, appuyée sur des faits nombreux, a démontré que le plus ordinairement il suffisait de diriger ses recherches *du côté de l'angle obtus, formé par l'intersection des deux filons.* On a remarqué en outre que *plus l'angle est obtus, plus le rejet était considérable.* Les anomalies que cette règle peut souffrir sont un nouvel exemple de la nécessité de l'étude générale des dislocations du sol encaissant, sur laquelle nous avons déjà plusieurs fois insisté. En effet, ces filons croiseurs résultent ordinairement d'un second système de fractures qui a pu affecter la contrée, et se lient eux-mêmes à certains accidents du sol comme les autres filons : c'est ainsi que, d'après les observations de M. Fénéon, les gîtes de fer d'Allevard sont souvent dérangés par des failles remplies d'argile, et la cassure du torrent qui coule de ce côté paraît faire partie de leur système; elle leur est parallèle et s'enfonce à une profondeur considérable. M. Chaper, en creusant les fondations du haut-fourneau de Puisot, a reconnu qu'elle était comblée à une grande hauteur par des cailloux roulés.

Ces croiseurs, failles ou fentes, peuvent donc, comme les filons eux-mêmes, être excessivement nombreux et affecter ceux-ci d'une manière très-complexe. A Holzapfel ils courent tous parallèlement sur six à sept heures et rejettent constamment le filon du côté du mur, ordinairement de quelques décimètres seulement et quelquefois jusqu'à quarante-huit mètres. Comme ils sont d'un âge différent du filon principal, ils ne contiennent pas les mêmes matières, mais seulement du schiste argileux décomposé, de la pyrite, du calcaire spathique et du quartz friable, tandis que le filon est riche en galène, en fer spathique, en blende et en pyrites cuivreuses enveloppant des fragments de schiste.

Quelques-unes des failles de cette dernière localité ont jusqu'à quarante mètres d'épaisseur et paraissent dans ce cas provenir de la réunion d'une multitude de petites fentes parallèles. Leur inclinaison est de 5o à 60° vers le sud-ouest. Leur action ne se borne pas toujours à rejeter le filon dans le sens horizontal, mais elles produisent aussi une véritable chute dans certaines parties. Ainsi, une partie très-riche avant la fente ne se retrouve plus au même niveau au-delà, mais bien à un étage différent. Si donc l'on s'en tenait à la première apparence, on serait porté à en conclure que le croiseur a dans ce cas appauvri le filon; erreur grossière, qui

nous démontre combien l'on doit être constamment en garde, relativement aux appa-
rences qui se manifestent à chaque instant
dans les mines.

Quelquefois ces croiseurs, en rencontrant
un filon principal très-solide, n'ont pas pu le
traverser ; mais ils s'arrêtent brusquement à sa
rencontre. On désigne cette circonstance en disant que l'un d'eux *intercepte* ou *arrête* l'autre.

Ce fait s'est présenté plusieurs fois à Pontgibaud, où l'on a vu, par exemple à Pranal,
plusieurs croiseurs, venant du mur, s'arrêter
net au filon. A Barbeçot, au contraire, ces
fentes venaient le plus fréquemment du côté
du toit, et dans ce cas elles occasionaient
de grands éboulements, parce que des blocs
énormes de rochers, détachés de toutes parts
et suspendus en vertu de l'inclinaison du toit,
finissaient par céder à l'action de la pesanteur.

Il est probable, quoique nous n'ayons pas
bien pu éclaircir encore la corrélation, que
ces fractures tenaient à un second système de
soulèvement qui croise l'axe principal des montagnes de l'Auvergne en se dirigeant du nord-
ouest au sud-est. Au moins existe-t-il quelques
relèvements dirigés dans ce sens, duquel paraissent dépendre divers filons de quartz et
de chaux fluatée, disséminés dans la contrée.

Le filon coupant ne traverse pas non plus
toujours en ligne droite et en masse le filon
coupé ; mais il se ramifie et s'éparpille quel-

quefois en petites veines à sa rencontre, qui se rejoignent après l'intersection et continuent leur allure après un dérangement plus ou moins grand.

Ces intersections de filons, tout comme les jonctions, sont ordinairement des points riches en minérais quand le filon coupant est lui-même métallifère; car on conçoit du reste que si le croiseur date d'une époque à laquelle il n'y a pas eu de production de minérai, il ne peut qu'appauvrir le point d'intersection.

Ce fait se lie d'ailleurs étroitement à l'observation faite par les mineurs, que toutes les veines qui rencontrent un filon sous une certaine direction, l'enrichissent et qu'il est appauvri par celles qui le joignent dans une autre. Cela résulte tout simplement de ce que les veines de la direction enrichissante sont d'une époque productive, tandis que le contraire a eu lieu pour les autres. Ces circonstances seront encore beaucoup mieux comprises, quand nous aurons démontré que le remplissage des filons d'une même contrée a eu lieu à des époques diverses, et que chacune d'elles a fourni des produits très-distincts les uns des autres.

Pour compléter ces aperçus et leur donner toute la force que les faits acquièrent en se généralisant, il nous reste à exposer quelques exemples pris sur des contrées métallifères où les travaux développés sur une grande échelle ont permis de suivre la nature, pour ainsi dire, pas à pas. Nous ne pouvons mieux faire à cet égard, que de commencer par citer les belles observations que MM. Élie de Beaumont et Dufrénoy ont été à même de faire dans le Cornouailles.

Ce pays contient à la fois deux systèmes de filons d'étain, un système de porphyre, trois systèmes de cuivre, un système quartzeux et deux systèmes d'argile, qu'ils classent dans l'ordre suivant :

1.° Premier système de filons d'étain : tel est celui de Polgooth, qui est encaissé dans le schiste argileux et qui se dirige de l'est à l'ouest, en plongeant vers le nord, avec une inclinaison de 85°.

2.° Filons d'Elvan ou de porphyre quartzifère, dirigés, comme les précédents, de l'est à l'ouest et plongeant de même vers le nord, mais sous un angle de 45° environ, en sorte qu'ils les coupent dans la profondeur. Ils croisent aussi ces filons, quand ils convergent avec eux sous des angles assez faibles, comme cela paraît avoir eu lieu pour le filon de Polgooth. Les filons d'Elvan ont d'ailleurs une puissance variable de 2^m à 120^m, et plusieurs ont une étendue de plus de cinq milles.

3.° Second système de filons d'étain, dirigé aussi de l'est à l'ouest, mais plongeant vers le sud : il est d'ailleurs plus moderne que le pre-

mier système; car, quand il vient à en rencontrer les filons dans la profondeur en vertu
de son inclinaison en sens inverse, il les coupe
et les rejette à une certaine distance. Cette
disposition est manifeste aux mines de Seal-
Hole et Trevannance; ils coupent, en outre,
les filons d'Elvan en se ramifiant, comme on
l'a observé aux mines de Trewidden-Ball et
de Wherry : ils sont donc évidemment plus
récents.

Cependant, si l'on considère que cés trois
systèmes de filons ont une direction commune,
qu'ils sont croisés par l'Elvan et le croisent
réciproquement dans les légères déviations
qu'ils éprouvent, on sera naturellement porté
à penser qu'ils ne constituent essentiellement
qu'un seul système principal, et que l'Elvan
a pour ainsi dire accompagné l'apparition du
minérai d'étain: D'autres faits analogues, pris
dans d'autres localités, achèveront de confirmer cette conclusion.

Le minérai d'étain est du reste accompagné
de quartz, de chlorite, de tourmaline, de mica,
de chaux fluatée, de wolfram, de nikel sulfuré,
de bismuth, d'urane et en outre de quelques
arséniates et phosphates, dont la formation
doit être envisagée comme récente, ainsi que
nous le démontrerons quand nous traiterons
des modifications que les substances métallifères ont éprouvées dans le sein de la terre.

4.° Premier système des filons de cuivre,

dirigés aussi de l'est à l'ouest, plongeant le plus souvent vers le nord, sous un angle variable de 35 à 70°, et avec une puissance qui n'excède guère 2 mètres. Leur gangue est encore quartzeuse et chloriteuse, quelquefois de chaux fluatée ; on y rencontre en outre des pyrites de fer et de la blende.

La similitude des gangues avec celles de l'étain, l'allure commune des filons, et le fait remarquable que quelquefois la pyrite cuivreuse abonde tellement dans les filons d'étain que ceux-ci peuvent être considérés comme des mines de cuivre, permettent encore de supposer que le cuivre a suivi de près la formation de l'étain ; mais comme d'un autre côté une longue expérience a appris que les filons de cuivre sont généralement peu productifs dans le voisinage des mines d'étain, et que d'ailleurs les filons de ce dernier métal sont toujours coupés par les précédents, il y a une distinction réelle d'âge à établir entre eux, et l'on est fondé à regarder le cuivre comme ayant suivi l'étain, et à admettre qu'il s'est quelquefois simplement intercalé *à posteriori*, soit dans les vides des filons qui n'avaient pas été remplis par l'étain, ou bien dans de nouvelles ouvertures qui se sont faites dans les filons de ce métal : dilatations dont nous verrons plusieurs exemples par la suite.

5.° Le second système des filons de cuivre est dirigé du sud-est au nord-ouest. Leur inclinaison est d'environ 70° avec l'horizon; leur composition est à peu près la même que celle des précédents; seulement ils présentent plus de parties argileuses.

6.° Système des filons croiseurs : ceux-ci sont ainsi nommés parce que leur direction, largement variable du nord-ouest au nord-est et du sud-est au sud-ouest, leur permet de couper la plupart des filons précédents. Leur inclinaison est aussi inconstante que leur allure, les uns plongeant vers le nord-est, les autres vers le nord-ouest. Ils offrent de plus une grande puissance, puisqu'elle atteint quelquefois jusqu'à douze mètres, et leur constance en longueur est aussi très-remarquable. On en a reconnu un qui s'étend depuis le canal de Bristol jusque sur la côte de la Manche; il rejette dans sa course tous les filons métallifères, quelquefois jusqu'à cent mètres de distance. Cette sorte de failles est donc la source de nombreuses dépenses.

Ils sont généralement quartzeux et argileux. On y rencontre cependant çà et là du fer oligiste, de l'hématite, quelquefois encore de l'étain et du cuivre; le plus souvent du plomb, que l'on exploite près de Truro et de Tavistock; enfin, ils renferment rarement des minérais de cobalt, du sulfure d'antimoine, de la bournonite, de l'argent natif et sulfuré.

7.° Le troisième système de filons de cuivre se confond par sa direction, tantôt avec les

filons est et ouest, tantôt avec les filons croiseurs; on les reconnaît seulement parce qu'ils
coupent ces deux systèmes de filons. Leur
composition est analogue à celle des autres;
seulement l'argile y domine encore davantage.
On peut probablement rapporter à la même
formation quelques filons de plomb, décou-
verts dans la paroisse de Newlyn.

8.° Premier système des filons argileux
(Cross-Fluckans). Leur puissance varie depuis
quelques millimètres jusqu'à trois ou quatre
mètres, et leur direction est généralement
nord-sud, en plongeant vers l'est: ils coupent et
rejettent tous les filons, excepté les suivants :

9.° Second système des filons argileux (Slides),
qui forment probablement la dernière classe
des véritables filons de la contrée; car ils
les coupent tous, quoiqu'ils soient presque
parallèles aux filons d'étain et de cuivre. Ces
filons fort minces, puisqu'ils atteignent rarement plus de trois décimètres d'épaisseur, sont
peu inclinés à l'horizon et composés d'une
argile plus terreuse que dans les autres filons.
Leur verticalité leur a fait donner le nom de
slides, qui veut dire glissement.

Les habiles ingénieurs auxquels nous devons
ces premiers détails déjà si remarquables, les
ont appuyés encore par des exemples particuliers que nous devons citer ici à cause de
leur intérêt. Nous les extrayons de leur ouvrage tels qu'ils les ont exposés.

Le grand filon de Carharak dans la paroisse de Gwenap (fig. *m*), a une puissance de huit pieds; il se dirige presque est et ouest, et plonge vers le nord sous une inclinaison de deux pieds par toise. Sa partie supérieure est dans le schiste argileux (Killas), et sa partie inférieure dans le granite. Il a subi deux intersections: la première résulte de la rencontre d'un filon appelé *Stevens-Fluckan*, qui se dirige du nord-est au sud-ouest, et qui le rejette de plusieurs mètres. La seconde a été causée par un autre filon qui est presque à angle droit avec le premier, et qui fait éprouver un second rejet de quarante mètres du côté droit. La chute du filon se trouve donc dans un cas à droite et dans l'autre à gauche; mais dans l'un et l'autre cas elle est du côté de l'angle obtus. Cette disposition est très-singulière; car une partie du filon paraît être remontée, tandis que l'autre est descendue.

La mine de cuivre et étain de *Huel-Peever* nous présente un exemple analogue (fig. *n*). Cette mine, ouverte dans le Killas, est exploitée dans deux filons, dont la direction est Est et Ouest, mais qui plongent l'un vers l'autre sous des inclinaisons opposées; celui qui plonge au nord est un filon d'étain; l'autre, un filon de cuivre qui coupe le premier et lui fait éprouver un rejet.

Postérieurement à cette intersection, il s'est fait une seconde dislocation dans les cou-

ches. Les deux filons d'étain et de cuivre ont
été coupés par un filon argileux : la force qui
a agi à cette époque, a causé un déplacement
en sens opposé ; de sorte que, dans un très-petit
espace, le filon présente deux intersections,
dans l'une desquelles une partie du filon paraît être descendue, tandis que l'autre serait
montée.

Le segment du milieu présente un désordre
plus grand que les deux autres : il est plus
large ; la masse est très-dérangée ; on y trouve
des fragments de la partie supérieure du filon.
On observe également ce trouble à la partie
du segment inférieur. Le grand désordre qui
règne dans le segment du milieu doit être attribué à son élargissement, qui est dû lui-même
à la chute du mur.

Nous devons au conseiller des mines, F.
Mayer, des observations aussi intéressantes que
les précédentes, relativement à la formation
des filons d'argent et de cobalt de Joachimsthal dans l'Erzgebirge. (Planche 3.)

Suivant ce géologue, les filons de Joachimsthal appartiennent à la formation métallifère
qui se rencontre encore à Annaberg, Schnée-
berg, Johann-Georgenstadt, Scheibenberg et
Marienberg. Elle s'étend sur le versant de
l'Erzgebirge saxon, aussi loin que les indices
du terrain basaltique, et du côté de la Bohème elle se trouve au milieu de celui-ci. Elle
est encaissée par un schiste micacé qui,

d'après les observations de M. de Bonnard, passe insensiblement au phyllade et au schiste ardoise. Celui-ci est tellement chargé de silice, qu'il en a acquis une dureté et une finesse de grain remarquables; il passe à son tour à l'amphibole schistoïde et au jaspe conchoïde. Les montagnes de Joachimsthal sont particulièrement constituées par le mélange de toutes ces roches.

Ce terrain schisteux est traversé par deux systèmes de filons métallifères; l'un dirigé du nord au sud, et l'autre de l'est à l'ouest. Ils sont en relation avec des filons porphyriques, dirigés le plus souvent comme les premiers, du nord au sud, et avec des filons basaltiques qui affectent, comme les seconds, une direction orientale. De nombreuses fissures, toutes dirigées vers le nord, se trouvent encore dans ce terrain, notamment aux environs du filon de Junghauerzecher, et encore plus à l'ouest.

Les porphyres qui offrent l'un des phénomènes géologiques les plus remarquables de la localité, ne diffèrent en rien des porphyres quartzifères que nous avons déjà décrits. Quelquefois, et notamment à la jonction du granite et du micaschiste, ils forment des filons en couches ou qui suivent en apparence la stratification du schiste et se replient autour du granite en perdant leur direction primitive; mais ils n'en sont pas moins de véritables filons, parce qu'ils coupent quelquefois le schiste dans leur inclinaison, et qu'ils s'écartent, d'ailleurs, aussi très-souvent de l'allure de ses strates.

Ces filons de porphyre en couche, ou peut-être aussi le granite voisin, ont occasioné dans leur contact avec le schiste une modification remarquable, en ce que celui-ci s'est surchargé de feldspath et de quartz, qui lui donnent une grande dureté. Dans ce cas, cette roche est même devenue peu métallifère et ne contient aucun minérai dans la profondeur. Ces porphyres, en filons ou en couches, ont encore quelquefois converti la roche schisteuse en un mélange grenu de feldspath et de mica, semblable à une wake; accident semblable à celui que nous avons déjà cité pour les porphyres quartzifères des environs de Pranal et de Rosiers. On en a des exemples dans le district de l'Éliaszecher et dans les galeries de Kuh, de Dorothée et du Neuhoffnung.

Le filon vertical de porphyre qui a été coupé par la galerie de Daniel, est encore remarquable en ce que les couches du micaschiste se redressent à sa rencontre et plongent de part et d'autre dans deux directions opposées.

Les filons métallifères, dirigés du nord au sud, sont fréquemment adhérents à leurs épontes; sans que cependant, leur masse s'unisse intimement par pénétration au quartz

de la roche encaissante. Les parties consti-
tutives principales de leur gangue sont le
quartz néopètre, le quartz ordinaire, le jaspe,
la lithomarge, l'argile, et dans les parties de
leur cours, où ils atteignent une couche calcaire intercalée dans le massif schisteux, elle
consiste essentiellement en spath brunissant.

Les minérais métalliques qu'ils contiennent
sont l'argent natif et sulfuré, l'argent rouge,
la sternbergite, l'arsénic natif, le cobalt sulfuré et arsénical, le bismuth natif et sulfuré,
le nikel arsénical, la pyrite ordinaire et magnétique, l'urane, et rarement de la galène
et du fer oligiste.

Ils ont été influencés d'une manière frappante par le voisinage ou le contact du porphyre quartzifère. Ainsi, le Rothe-Gang court
assez exactement vers le nord, avec un filon
de porphyre; mais, comme tous deux éprouvent quelques sinuosités, il en résulte que
le filon métallifère coupe tantôt le schiste,
tantôt le porphyre. Tant qu'il est dans le schiste
micacé, il ne montre comme gangue d'autre
matière terreuse que l'argile; mais quand il
pénètre dans le porphyre, ou bien quand il file
entre celui-ci et le schiste, la gangue devient
un quartz néopètre rouge et caverneux, qui
va en se perdant dans la pâte du porphyre.
Il faut donc en conclure que ce quartz a
été extrait de la masse porphyrique par un
agent de dissolution, qui est sorti par la fente;

ou bien que le porphyre lui-même a été surchargé en quartz par l'action qui a formé le
filon.

Indépendamment de cette influence du porphyre sur les gangues, celle qu'il a exercée sur
les parties métallifères n'est pas moins remarquable; car dans les points où le Rothe-Gang
s'éloigne beaucoup du porphyre, comme cela
arrive surtout dans son extension vers le nord,
il ne renferme d'autre minérai que l'urane,
tandis que dans le voisinage ou dans le contact
immédiat du porphyre, il renferme des quantités remarquables d'argent natif, de sulfure
d'argent, de sprödglaserz, de cobalt arsénical, de nikel arsénical, de bismuth, d'urane,
peu d'arsénic natif, de la pyrite et de la galène; en un mot, tous les minérais qui paraissent à Joachimsthal, à la seule exception de
l'argent rouge, que l'on peut d'ailleurs considérer comme le minérai le plus commun de
la contrée.

Le porphyre lui-même, qui est fendillé en
longueur et en travers, renferme aussi du
minérai, mais seulement dans les fissures longitudinales et nullement dans celles transversales, comme on aurait pu le croire d'après
les ideés d'une imprégnation ordinaire ;
même le minérai des fentes longitudinales a
été un peu rejeté par les fissures transversales.
On est donc porté à en tirer la conclusion
que le minérai a pénétré dans le porphyre

avant que celui-ci n'eût éprouvé une solidification complète.

Dans le schiste micacé, les veinules métallifères ne s'écartent qu'à une faible distance
du porphyre, et contiennent beaucoup plus
de cobalt, d'argent natif et sulfuré que dans
le porphyre.

À en juger d'après les déblais des Haldes,
de pareilles relations auraient eu lieu aux
anciennes exploitations du Geister et du
Schweitzergang, et l'on se souvient encore
de phénomènes analogues qui s'offrirent dans
les filons de Jean l'Évangéliste et de la Rose
de Jéricho.

La gangue de ce dernier consistait en calcaire spathique dans son contact avec la couche calcaire, et plus loin en matières siliceuses.
C'est en rapport avec le jaspe et le quartz
ferrugineux que l'on y a trouvé l'apparition
remarquable du fer oligiste à la sole de la
cinquième galerie; mais dans ses points de contact avec le porphyre on a vu reparaître le
quartz néopètre caverneux, pénétrant dans
le porphyre, et avec lui de puissants dépôts
de minérais, sans traces d'argent rouge : phénomène absolument identique à celui qu'avait
présenté le Rothe-Gang.

Cette influence du porphyre sur le minérai
est encore très-problématique. Nous avons
d'ailleurs déjà cité des exemples analogues de
l'influence des roches sur la nature des dépôts

métallifères, et ceux-ci en sont en quelque sorte une nouvelle confirmation.

Si l'on combine toutes ces données, on sera porté à en conclure que les filons du porphyre quartzifère sont à peu près contemporains aux filons métallifères avec lesquels ils ont une direction commune ; fait sur lequel nous avons déjà insisté en citant les exemples que nous offre le Cornouailles, quand nous avons appuyé sur la liaison intime qui existait entre les deux premiers systèmes d'étain et celui d'un porphyre analogue.

Les filons orientaux renferment principalement de l'argent rouge et sulfuré, souvent du cobalt arsénical, rarement de l'arsénic natif, de la pyrite, peu de galène et de blende. L'argile n'y manque jamais auprès des minérais, et il n'y a donc pas d'adhérence aux épontes, comme c'est fréquemment le cas pour les filons septentrionaux. Cette argile présente d'ailleurs une texture un peu schisteuse ; en combinant cette indication avec celle que fournissent les glissements du toit, il est permis de supposer qu'elle est le résultat du frottement et de la pression occasionés par ces mouvements. Indépendamment de cette argile on y rencontre encore en petite quantité des veinules de quartz et de spath calcaire.

Il se manifeste donc dans l'ensemble des filons orientaux ou septentrionaux un type commun, quoique les derniers soient ordi-

nairement coupés par les premiers. Ce fait
n'est cependant pas général; car on possède
quelques exemples isolés de filons septentrionaux qui traversent les filons orientaux; tels
sont les filons de Goldene-Rose qui croise
celui de Maurizi, et de Fundgrubner qui
coupe tous les autres. Ces caractères amènent
à la conclusion que l'âge relatif des deux
systèmes n'est pas très-différent.

Les relations de ces derniers filons avec les
dykes basaltiques ne sont pas moins intéressantes que celles que nous avons observées
pour le porphyre.

Ainsi, le filon métallifère oriental, dit Kuh-
gang, est accompagné par un filon basaltique
sur plusieurs toises de son extension en profondeur. Aussi loin que cette association s'est
manifestée, les vides étaient remplis de sulfate
de magnésie fibreux, et la roche encaissante
était imprégnée de pyrites. En outre, on y a
trouvé un très-beau gîte métallifère, composé
principalement d'argent natif et vitreux, déposé au toit et au mur du filon, tandis que son
milieu était rempli par le basalte en question
sur une épaisseur de deux pieds. On a avancé
plusieurs fois que le sulfure d'argent avait pénétré dans les fissures de ce basalte, et cela est
d'autant moins improbable que M. Mayer a
trouvé de cette même roche contenant de la galène et de la blende brune, qui se rencontrent
d'ailleurs aussi dans les autres parties de ce filon.

On connaît un autre exemple de cette postériorité du minérai, relativement au basalte. Il a été signalé par M. Burckhardt, dans sa Description du filon de Heinitzflachen à Annaberg, en Saxe, et il est impossible de tirer de la description et du dessin de cet auteur d'autre conclusion, sinon que ce filon, qui croise le basalte, lui est postérieur. Ces faits, pris sur des localités différentes, se confirment donc réciproquement.

Le filon oriental de Segen-Gottes, qui est rempli de basalte sur presque toute sa longueur, fournit un autre exemple de ces rapports. Le basalte y est en partie décomposé et entremêlé d'une terre verte, ou bien intact, et contient alors beaucoup d'augite et d'olivine; il est croisé perpendiculairement et même rejeté par le filon de Jean l'Évangéliste. Que l'on explique comme on voudra cette circonstance, il n'en restera pas moins évident qu'ici encore le filon métallifère est plus moderne que le filon basaltique.

Un second phénomène remarquable s'est manifesté de la part de ce même filon basaltique, contenu dans celui de Segen-Gottes, à sa rencontre avec le filon septentrional de Hildebrandt. Ce filon basaltique formait à ce nouveau point deux branches qui ont été coupées toutes deux par le filon de Hildebrandt; mais celui-ci a été à son tour rejeté par celui de Segen-Gottes. Il en résulte que

le filon de Hildebrandt est plus moderne que
le filon basaltique, mais plus ancien que le
Segen-Gottes. La masse basaltique ne s'est
donc pas simplement intercalée dans la fente
du Segen-Gottes; mais sa formation à précédé
celle du filon métallifère, et lui a, pour
ainsi dire, préparé la place.

Il y a aussi des filons basaltiques qui traversent les filons métallifères; tels sont celui
H, qui coupe le Rothe-Gang, et le Wolfottin-
ger-Wackengang, qui coupe tous ceux qu'il
rencontre. Il faut donc conclure de l'ensemble des faits, que les filons métallifères de
Joachimsthal se sont formés successivement
pendant la période de la grande formation
basaltique de la contrée.

Quel est actuellement l'âge de ce basalte?
On sait, à la vérité, qu'il existe dans le nord
de l'Angleterre une formation de ce genre,
qui traverse les couches houillères, et qui
s'arrête au zechstein superposé; mais ce basalte, très-ancien, ne renferme pas d'olivine,
comme celui de Joachimsthal; ce qui tend
déjà à établir une distinction entre eux : d'ailleurs l'âge moderne de ce dernier est con-
firmé par la présence des végétaux dicotylé-
dones (bois du déluge), que l'on a trouvé dans
le Putzenwacke, dont nous avons déjà parlé
(page 450). En outre de nombreux culots basaltiques avec olivine percent au jour directement au-dessus des dépôts métallifères; tels

sont le Spitzhubel et le Jugelstein, et ceux-ci
se lient d'ailleurs intimement à la grande formation basaltique, qui s'étend sur les sables
verts et les marnes crayeuses auprès d'Ellbogen
et de Saaz, et sur les lignites aux environs de
Binow.

Toutes ces circonstances rendent très-vrai-
semblable l'opinion que les filons basaltiques
de Joachimsthal, quand même ils différeraient
un peu entre eux sous le rapport de l'âge,
n'en appartiennent pas moins à la grande
formation du basalte tertiaire, qui est si abondamment répandue au nord de la Bohème,
et que, par conséquent, aussi les filons de
Joachimsthal ont été formés seulement pendant cette grande révolution du globe.

Mais il a été établi d'un autre côté qu'une
partie des filons métallifères devait être à peu
près contemporaine au porphyre quartzifère.
Pour appuyer l'âge récent de celui-ci, il nous
suffira de citer les observations que MM. Naumann et Pusch ont été à même de faire sur
cette roche près de Töplitz. Le porphyre y est
tout-à-fait semblable à celui de Joachimsthal;
mais à son contact avec la marne crayeuse de
la contrée, il est traversé par de nombreuses
veinules entrelacées d'un quartz néopètre,
qui se prolongent jusqu'à une distance de six à
huit pieds dans la marne voisine. On trouve
souvent dans ce quartz des fragments porphyriques, de la grandeur d'un pois à celle du

poing, et réciproquement des fragments du
même quartz se trouvent dans le porphyre.
Les deux substances se distinguent tantôt l'une
de l'autre d'une manière tranchée, tantôt se
fondent imperceptiblement ensemble, et ces
veinules de quartz et de calcaire siliceux
contiennent les pétrifications qui caractérisent
la marne. M. Pusch y indique des *térébratules*,
le *plagiostoma spinosa*, des empreintes de
pointes d'oursin, des *pectinites*, des *planulites*,
des *mytulites* et des *vénulites*.

Il résulte de cet ensemble de faits que la
marne crayeuse a été modifiée par des émana-
tions quartzeuses provenant du porphyre,
et comme d'ailleurs la diffusion réciproque
du porphyre et du quartz ne peuvent s'expliquer que par la contemporanéité des deux
substances, il faut encore en conclure que
l'apparition au jour de la masse porphyrique
doit être rapportée à l'époque de la formation
de la craie; ce qui confirme complétement
les idées que les filons de Joachimsthal nous
avaient fait concevoir relativement à leur âge.

Quelque minutieux que soient les détails
dans lesquels nous sommes entrés dans cette
section, nous n'avons pas cru devoir en passer
une partie sous silence, afin de mettre les observateurs à même de bien apprécier les lois
générales, qui se manifestent d'une manière
d'autant plus nette et tranchée, que les formations successives sont plus distantes les unes

des autres dans la série géognostique, et les
anomalies ou exceptions qu'elles éprouvent
par le rapprochement ou la contemporanéité
dans l'âge des filons de deux ordres différents.
Sous ce dernier rapport il était impossible de
trouver des exemples plus frappants que ceux
qui nous ont été fournis par les filons de
Joachimsthal. Pour faire sentir la valeur de
ces relations, nous ne pouvons mieux faire
que de les comparer à celles qu'on observe
dans les terrains stratifiés.

Si l'on examine ceux-ci dans des points où
il se présente à la fois des couches inférieures redressées et des dépôts supérieurs
horizontaux, où, en un mot, il y a discor-
dance complète dans la stratification, on
ne voit aucune liaison entre les deux formations, et l'on peut admettre qu'il y a eu
un intervalle quelconque de temps entre les
dépôts de l'une et de l'autre; mais si la formation la plus récente des deux est placée sur la
plus ancienne en stratification parfaitement
concordante, on observé sur une certaine
épaisseur au contact une liaison indiquée
par un passage graduel, par des alternances
et des retours répétés de l'ancienne formation dans les premières assises de la nouvelle; phénomènes identiques à ceux que
présentent les filons d'un certain système qui
croisent ceux d'un autre système à peu près
contemporain, et sont réciproquement croisés

par eux. Dans ce cas, il faut, pour bien s'assurer de leur âge relatif, ne pas se borner à
l'examen de faits particuliers, mais recourir
à l'étude générale du système, et la pour-
suivre largement sur de grands espaces, afin
de bien se rendre compte des premières et des
dernières causes agissantes, en faisant abstraction des époques intermédiaires et nécessairement anomales, comme tout état de transition.

SECTION III.

Relation réciproque des diverses parties d'un même filon.

Jusqu'à présent dans les deux sections précédentes nous n'avons considéré que les faits
généraux qui résultent de l'étude de tout un
ensemble, comparé soit avec le relief du sol,
soit avec ses diverses parties. Examinons maintenant les faits particuliers, pris dans un seul
et même filon. Cette étude est d'autant plus
utile que ce n'est qu'en la poursuivant avec
opiniâtreté, que l'on peut acquérir des notions relatives à une localité donnée, à l'aide
desquelles il est possible d'asseoir un jugement
sur le succès des travaux de poursuite, d'avancement ou de foncement nécessaires pour
agrandir le champ d'une exploitation.

En effet, un grand nombre des filons qui
nous occupent en ce moment, abstraction

faite des filons de roches, diffèrent des fissures
produites par retrait ou par des dislocations
purement locales, en ce que celles-ci n'offrent
qu'une extrême simplicité dans leur composition. Quelques débris transportés, des produits cristallins peu nombreux, une faible
somme d'espèces minérales, ont, pour ainsi
dire, caractérisé chacune d'elles, prise isolé-
ment, et il y a loin de là, à la variété qu'affectent ces nobles et puissantes veines, dont le
mineur montre avec tant d'orgueil l'éclat et la
bigarrure; mais son travail aura peut-être bientôt fait disparaître ces richesses, et quelles
sont les chances qu'il a en sa faveur pour en
découvrir un nouveau dépôt dans le même
filon?

Cette variété même produit des alternatives
de succès et de revers, et il est excessivement
rare qu'on puisse établir avec certitude la
proportion : *si telle étendue de filon a donné
tant de minérai, combien doit en fournir une
autre quelconque.* Les exemples que nous exposerons dans cette section nous prouveront
combien sont trompeurs ces sortes de cal-
culs auxquels se livrent quelquefois d'igno-
rants spéculateurs.

Il est sans doute impossible de détailler
tous les signes d'une variation prochaine
qu'une extrême habitude a fait connaître
à cet égard au praticien; les leçons de l'expérience personnelle se communiquent diffi-

cilement. Un simple plissement particulier des gangues, des fissures à peine visibles, un *facies* spécial de la roche, quelques suintements d'eau, suffisent quelquefois à un homme consommé dans son art, pour lui faire présager l'avenir avec assez de certitude là où tout autre resterait dans l'aberration. Il en est en quelque sorte de ceci comme de ces indices météorologiques qui échappent aux yeux du commun et qui pourtant avertissent le marin de la tempête future, sans qu'il ait besoin de recourir au baromètre. Cependant, les citations pouvant servir de guide au commençant et lui montrer sur quels objets il doit porter son attention, nous ne devons pas négliger d'exposer ce qui a été observé dans diverses localités; mais sous la mention expresse que ces faits sont purement locaux et que rien n'autorise à en tirer des conséquences générales.

Les modifications qui peuvent survenir dans un filon, résultent, soit de la forme particulière de la fente, soit du mode de distribution des matières minérales dans son intérieur.

Nous allons d'abord nous occuper des formes de la cassure. Nous avons déjà indiqué sommairement et dès le début, les accidents les plus ordinaires; tels que l'allure rectiligne ou courbe, ou sinueuse, et la terminaison brusque ou en forme de coin, ou en ramification. On conçoit d'ailleurs, de prime abord, que

les cassures n'ont pu que bien rarement affecter
une allure parfaitement rectiligne, vu la va-
riabilité de cohésion des roches qu'elles traversent. On conçoit aussi qu'elles ont pu s'o-
pérer dans une série de roches diverses et
alternantes, avec plus de facilité dans les unes
que dans les autres; même, dans les roches
schisteuses, la fracture se borne quelquefois
à une simple exfoliation, et le filon, au lieu
de conserver sa largeur primitive, se dissémine
dans une multitude de petites branches, sans
toit ni mur bien distinct. On en a eu quelques
exemples dans les roches stéaschisteuses de
Barbecot, près de Pontgibaud. Quelquefois
une plus grande homogénéité dans la roche
encaissante détermine la formation de quelques grosses branches, qui y pénètrent en s'y
perdant, ou bien même reviennent au filon
principal.

Le plus ordinairement les deux épontes
d'un filon sont grossièrement parallèles sur
une grande étendue. On en voit un bel
exemple dans le fameux filon d'Andreasberg
au Hartz. Il s'étend dans la profondeur à plus
de 500 mètres perpendiculaires, sur une étendue horizontale de 200 mètres, et nulle part
il n'a plus de $1^m,30$, ni moins de $0^m,30$ d'épaisseur; variations accidentelles qui n'ôtent rien
au parallélisme général de ses deux immenses
parois.

M. Brochant de Villiers, auquel nous de-

vous un grand nombre d'observations intéressantes sur les filons de plomb du Cumberland et du Derbyshire, a remarqué que plusieurs d'entre eux présentaient dans leur ensemble des espèces de marches ou de zigzags.
Les parties qui sont verticales ou du moins
perpendiculaires aux couches, sont encaissées
dans le grès ou le calcaire, et elles sont unies
entre elles par des parties horizontales, quand
elles viennent à couper des argiles schisteuses.

Werner avait déjà observé cet accident
rare dans le filon de Halzbrucknerspath, près
de Freiberg.

La puissance des filons varie aussi dans ces
alternances : c'est ainsi qu'ils sont en général
plus étroits dans les argiles schisteuses ou dans
les grès que dans les roches calcaires, et la différence varie de 1 à 4 pieds. Le riche filon de
Hudgillburn atteint jusqu'à 17 pieds dans le
calcaire dit *great-limestone*; tandis qu'il ne
dépasse pas 3 pieds dans le grès inférieur,
connu sous le nom de *Watersill.*

Pour expliquer cet élargissement d'après
l'opinion que les filons sont des fentes, on a
pensé que le rejet ou la chute d'une des parois
avait dû naturellement produire ces différences de largeur; mais ne serait-il pas aussi
naturel d'admettre que cet élargissement, qui
porte principalement sur les parties calcaires,
provient d'une simple dissolution de cette
roche si attaquable, du reste, par les agents

qui ont amené le minérai. Le fait rentrerait alors dans celui des formes bizarres que présentent les dépôts de minérais de fer pisolithiques, dont nous avons déjà parlé. Ce qui autoriserait encore cette hypothèse, c'est que cette largeur est accompagnée aussi d'une plus grande richesse en plomb; d'où il suivrait qu'à mesure que l'agent de dissolution se saturait de calcaire, il laissait par contre précipiter du minérai; phénomène dont les réactions chimiques de nos laboratoires peuvent nous rendre compte.

Il y a même certaines couches calcaires dans lesquelles les filons sont plus particulièrement métallifères que dans les autres. La couche dite *great-limestone*, est celle qui enrichit le plus les filons, c'est-à-dire, dans laquelle ils sont à la fois les plus larges et les plus riches. Les couches calcaires supérieures sont plus productives que les inférieures. Des analyses de ces diverses roches jetteraient probablement bien du jour sur ces variations et sur la théorie des filons en général, en faisant voir quel est celui d'entre leurs éléments basiques qui a contribué le plus à accélérer le dépôt des matières métallifères.

Du reste, quoique ces filons ne soient généralement pas exploités à des profondeurs plus grandes que 307 mètres, ils paraissent cependant se prolonger encore au-delà.

Les filons de Joachimsthal présentent d'après

Meyer, dont nous avons déjà cité en détail
une partie des belles observations, des faits
non moins remarquables sous le rapport de
la forme de la cassure. Tous les filons orientaux y conservent, depuis la surface jusque
dans la profondeur, une puissance passable-
ment égale; tandis que les filons septentrionaux, surtout ceux qui plongent verticalement, deviennent au contraire de plus en
plus puissants, à mesure qu'ils s'approfondis-
sent.

Ainsi le Geschiebergang ne possède dans les
parties supérieures qu'une puissance de 3 à 12
pouces, et à la profondeur de 170 toises et
au-delà, il a acquis une dimension de 4 pieds,
sans y comprendre les veinules latérales, qui
la porteraient à près de 4 toises.

Le Junghauerzechergang est puissant de 4
pieds sur la sole de la 12.ᵉ galerie de Joachimi.
84 toises plus haut, il n'a plus que 4 pouces;
plus haut encore, il n'en a que deux, et enfin,
dans la galerie de Daniel, il n'existe plus
qu'une simple fissure.

Les filons de Procopi et de Clementi ont
encore présenté des circonstances analogues:
ils possèdent une certaine puissance à 100 et
150 toises du jour; mais se ferment totalement
en forme de coin dans les parties supérieures.

Le filon de galène argentifère de Kuhschacht,
près de Freiberg; les filons de fer sulfuré et
arsénical aurifère de Goldcronacht en Fran-

conie, vont aussi en s'élargissant dans la profondeur.

On pourrait concevoir que l'inverse pût avoir lieu jusqu'à un certain point. Cependant les exemples bien constatés manquent absolument. On a bien vu des filons très-larges à la surface se rétrécir graduellement; mais, soit que les difficultés de l'exploitation, soit que la rareté du minérai s'y opposent, on n'a pas encore rencontré de filon réellement fermé par le bas. Ce fait serait capital dans la théorie du remplissage des filons, et combiné avec le précédent, il tendrait à nous convaincre que la matière métallifère n'a pas pu provenir d'une infiltration par les parties supérieures.

La largeur des filons métallifères, à parois parallèles, est sujette à quelques variations remarquables. Si l'on fait abstraction des branches et filons accompagnants, elle ne dépasse en général pas un mètre. Sur plus de cent filons contenus dans les montagnes de Freiberg, Werner a pu à peine en observer quelques-uns qui atteignent 2 mètres. Cependant le Nordlauer, en Franconie, que l'on cite pour le plus grand de l'Allemagne, a une puissance de 10 à 12 mètres; le Burgstädtergang, dans le Hartz, en a depuis 40 jusqu'à 60; mais il paraît qu'on pourrait le regarder comme un plexus de plusieurs autres filons. Le filon principal de Schemnitz, en Hongrie,

qui est le Spitaler, a jusqu'à 36 mètres en
quelques points; enfin celui de Guanaxuato,
au Mexique, aurait de 40 à 45 mètres, d'après
M. de Humboldt.

Ces filons si larges et qui ont généralement
aussi une grande étendue, ne sont pas cependant toujours les plus abondants en substances
métalliques; les mines d'or et d'argent de
Cremnitz, en Hongrie, en sont un exemple :
le filon principal de ces mines, qui a jusqu'à
30 mètres de largeur, n'est presque pas exploité,
et on s'attache à travailler plusieurs petites
branches qui partent de ce filon. Il semble que
la matière métallifère ait été trop peu abondante pour subvenir au remplissage d'une
si vaste cavité, et qu'elle s'est concentrée de
préférence par une sorte d'attraction en
quelques rognons que l'on exploite si le hasard y conduit. D'ailleurs, une pareille dilatation n'a pu se faire sans que d'énormes blocs
se soient détachés des parties latérales pour
tomber dans la fente, et ce ne sont guère que
leurs intervalles qui ont pu se combler de
minérais.

Ces faits nous amènent naturellement à
examiner de quelle manière se sont distribuées les diverses matières qui ont pénétré
dans la fissure et quels sont les rapports qui
existent entre elles; cette étude forme le second objet essentiel que nous nous sommes
proposé d'examiner dans cette section.

Depuis long-temps les mineurs, sans se rendre compte de la structure complète des filons, avaient cependant remarqué qu'il s'y trouvait des substances qui leur annonçaient, soit l'approximation, soit la disparition future du minérai. Ainsi à Schemnitz, les intervalles stériles des filons du Spitaler et du Pieberstollen sont composés d'une argile tenace. Tant qu'elle dure, il n'y a point de minérai à espérer; mais une fois qu'elle vient à s'étrangler et qu'à sa place il se présente du quartz et du spath, on ne tarde pas à retrouver le minérai.

Dans plusieurs exploitations de la Transylvanie, les filons d'or sont stériles tant qu'on se trouve dans un quartz bien blanc et transparent; mais aussitôt qu'il prend une couleur foncée et se garnit de druses cristallines, le métal se manifeste de nouveau.

A Joachimsthal, en Bohème, c'est ordinairement le cobalt qui annonce l'approche du minérai.

Les terres brunes ochracées et ferrugineuses accompagnent les minérais dans le Bannat, et dès que les argiles bleuâtres se montrent au toit ou au mur, on peut prévoir la disparition du métal; car celles-ci deviennent bientôt si puissantes, qu'elles occupent toute la largeur du filon. Les filons de Pontgibaud nous ont offert quelquefois des circonstances analogues.

Le fer spathique était un bon indice dans les filons de cuivre de Baigorri et dans ceux de plomb de Châtelaudren en Bretagne.

Certains minérais se trouvent d'ailleurs fréquemment associés ensemble. Ainsi il est ordinaire de rencontrer la blende avec la galène. Le cobalt, le nikel et le bismuth natif sont ordinairement réunis. L'étain se rencontre presque toujours avec le wolfram, le molybdène et la pyrite arsénicale. L'argent natif est assez fréquent dans les gangues spathiques, et l'or, au contraire, dans celles quartzeuses et ferrugineuses.

D'autres minérais, au contraire, semblent s'exclure mutuellement; aussi voit-on rarement l'étain avec le minérai d'argent. Le cinabre est ordinairement seul ou tout au plus avec quelques pyrites ferrugineuses.

Tous ces faits proviennent en général de l'époque relative à laquelle tel ou tel filon ou ses diverses parties ont été comblées; car, comme nous l'allons démontrer, les filons ont éprouvé en général une série périodique d'intercalations diverses, avant de parvenir à leur état actuel ou avant que leur formation fût complète.

Les premiers faits qui amenèrent à la conclusion que nous venons d'énoncer, durent naturellement être frappants; car, comment concevoir dès l'abord qu'une bande aussi mince qu'un filon pouvait être considérée comme un terrain dont l'ensemble est subdivisible en une série de strates différentes en âge comme en composition ; c'est cependant ce qui a lieu dans les cas les plus généraux, et les exemples en sont même plus nombreux qu'on ne se l'imagine vulgairement.

Werner, qui, le premier encore, appela l'attention sur ce sujet, cita d'abord des exemples évidents de filons formés immédiatement dans des filons plus anciens et qui ne font avec eux qu'un seul et même corps ; tel est notamment le Johannisgang à Rothemberg, près de Schwarzenberg, dont une partie bien distincte se nomme la *bande rouge et jaune*.

A Marienberg, dans le Einhornergang, le filon se compose d'une zone de minérais d'étain et d'une autre de minérais d'argent ; toutes deux nettement tranchées. Dans la mine de Morgenstern, près Freiberg, le filon Abraham traîne avec lui une masse appelée *Grober Spathgang.*

M. d'Aubuisson a vu à Zinnwald des filons de wake à côté de filons d'étain, sans que leur matière se mélangeât ensemble. Vraisemblablement, ajoute-t-il, l'un des deux était déjà consolidé lorsque l'autre a pris naissance. Ce fait est analogue à celui que nous a déjà offert le filon argentifère de Segen-Gottes à Joachimsthal.

De pareilles observations durent nécessairement se développer entre les mains de Werner :

il mentionna expressément que les filons sont composés de couches parallèles aux salbandes, qui, dans leur cristallisation, se sont appliquées *successivement* les unes sur les autres, et dont les zones qui sont immédiatement sur les salbandes, ont été formées les premières.

Il observa cette régularité de structure dans plusieurs et même dans le plus grand nombre des filons, et il cite à cet égard particulièrement le filon de Segen-Gottes, près Gersdorff en Saxe, dans lequel, à compter du milieu, formé de deux couches de spath calcaire et contenant de petites druses de distance en distance, on trouve placées les unes sur les autres, et dans le même ordre de chaque côté treize couches de fossiles différents; tels que spath fluor, spath calcaire, spath pesant, galène, etc.

Dans le filon septentrional Grégorius, les deux couches attenant aux salbandes, consistent en quartz cristallisé; puis se trouve de chaque côté une couche de blende noire, mêlée de pyrite sulfureuse; par-dessus on voit de la galène et de la mine d'argent grise, de la mine d'argent rouge, du glaserz aigre; la couche du milieu, et par conséquent, la plus nouvelle est en spath calcaire.

C'est en généralisant de pareilles données et en les combinant avec celles qui résultaient du parallélisme, qu'il est parvenu à distinguer les huit sortes de dépôts du district de Freiberg, sans y comprendre quelques autres qu'il a

laissés dans le vague, faute d'observations aussi
précises.

M. d'Aubuisson mentionne aussi un filon
composé de couches de baryte sulfatée et de
chaux fluatée diversement colorées et disposées avec une si exacte symétrie de part et
d'autre, qu'avec la règle et le compas on n'aurait pu faire mieux. Ce géologue remarque
que cette structure est exactement ce qu'elle
aurait été si la fente eût été remplie d'un
dissolvant ou de diverses dissolutions qui auraient successivement déposé sur les parois
différents précipités, et il ajoute que la coupe
de certaines géodes et celle de certains tuyaux
de conduite dans lesquels les eaux ont fait
des dépôts successifs, présentent des faits
analogues.

Cette extrême régularité n'a pas toujours
lieu : quand par exemple les filons renferment
des fragments de roche adjacente, empâtés
dans leur masse, le métal s'est porté de préférence autour d'eux, et il les a enveloppés
d'une couche plus ou moins épaisse. Ces faits
sont fréquents dans les mines du Hartz. Le
plomb sulfuré y porte le nom de *ringertz* ou
de *minérai en anneau*.

Lorsque la matière qui constitue les dépôts
dont nous venons de parler a manifesté une
tendance à la cristallisation, on remarque
que la pointe des cristaux est toujours tournée
vers l'intérieur du filon, ou au moins vers le

côté qui lui présentait le plus d'espace vide pour son développement. Chaque couche successive prend en conséquence sur celle de ses faces tournée vers la plus ancienne, l'empreinte des cristaux adjacents, tandis que les cristaux qu'elle porte sur l'autre face enfoncent leur pointe dans la suivante. Enfin les cristaux qui ont achevé le remplissage, se présentent leurs sommets et s'engrènent les uns dans les autres quand ils viennent à se rencontrer.

Quand ces couches successives ne se joignent pas et qu'elles laissent un vide entre elles, il en résulte des cavités revêtues de cristaux, qui forment les *druses*, les *fours* ou les *poches à cristaux.* Ces cavités sont presque toujours oblongues, parallèles aux salbandes et se trouvent le plus souvent dans les renflements des filons, où la matière incrustante paraît, par conséquent, n'avoir pas abondé suffisamment pour pouvoir opérer leur remplissage complet : elles sont évidemment les restes de l'ouverture primitive.

L'étude soignée que nous avons été à même de faire des filons métallifères des environs de Pontgibaud, nous met à même de rapporter ici le résultat de nos propres observations, et comme elles sont de nature à bien développer les faits dont nous nous occupons en ce moment, nous les exposerons dans tout leur détail. Les accidents divers qu'ils nous ont présentés dans une période de cinq

années, pendant lesquelles nous avons été at-
taché à leur exploitation, généraliseront les
aperçus que nous venons de citer, et feront
voir combien la régularité générale se main-
tient avec constance, malgré les anomalies
apparentes qui choqueraient un observateur
privé du temps nécessaire pour retrouver un
chaînon rompu au milieu de cette confusion.

Les premières fissures qui se sont opérées
lors de la formation de ces filons, ont été remplies d'un granite à petits grains, dont nous
avons déjà eu occasion de parler en traitant
de l'ensemble géologique de leur système. Ces
granites, qui, du reste, se retrouvent de tous
côtés dans la contrée, affectent des directions
variées et ont dû posséder une grande fluidité
originaire, car on en voit des veinules bien
suivies d'un à deux pouces au plus d'épaisseur
dans les schistes qui avoisinent Péchadoire.
D'un autre côté aussi ils forment des masses
puissantes, qui sont saillantes dans les vallées
par suite de la dégradation de la roche encaissante.

L'irrégularité de leur allure leur fait souvent
rencontrer les filons métallifères en certains
points, pendant qu'ils les accompagnent ou
les remplissent en d'autres. Le hasard paraît
en quelque sorte avoir présidé seul à leur
distribution, en sorte que certaines parties
des filons métallifères en sont, pour ainsi dire,
entièrement remplies, tandis qu'en d'autres

10

places on n'en voit aucune trace apparente.

Les points des filons où ils se sont répandus sont généralement pauvres en métaux. Les veines riches s'y perdent fréquemment en forme de coin, et eux-mêmes affectent réciproquement cette terminaison quand ils pénètrent dans les parties riches, soit qu'ils se rangent contre les salbandes, soit qu'ils restent au centre de la masse.

Ils ont pour la plupart subi dans les filons la décomposition en kaolin; ce qui empêche de les reconnaître au premier coup d'œil; mais ils sont toujours aisés à distinguer de toutes les autres formations par leur quartz, qui est comme sablonneux, et leur mica en très-petites lames; dimension qui est en rapport direct avec la finesse du grain de la masse originaire.

On découvre dans quelques-uns de ces filons, notamment sur la hauteur du chemin de Barbecot à Pranal, des fragments de la roche encaissante, qui sont fondus avec la masse environnante : c'est le plus ancien exemple de l'empâtement de ces débris de roches étrangères dans les filons de la contrée; le fait se répète à plusieurs reprises, et ces fragments, que l'on rencontre ainsi dans tous les points des filons y sont entrés à diverses époques. Ils sont tous de même nature que les roches voisines, c'est-à-dire, schisteux, et en général anguleux : preuve qu'ils n'ont pas subi un long transport; on en retrouve même avec toutes les substances accidentelles qu'elles renferment dans les environs; ainsi il en existe dans le filon de Barbecot qui contiennent des grenats analogues à ceux qui sont inclus dans quelques couches du micaschiste voisin.

Ils paraissent être tombés par les ouvertures supérieures des filons ou détachés des parois par l'effet de la cassure. Leur volume est très-variable : ils sont demeurés incohérents dans les parties des filons où les infiltrations subséquentes ne les ont pas cimentés; ils ne montrent en général qu'un faible degré d'altération, et sont très-reconnaissables, malgré l'action des agents qui ont pu agir sur eux pendant le remplissage de la fente. Les grandes masses sont, comme on le conçoit d'avance, infiniment moins attaquées que les menus fragments. D'ailleurs, ils ne présentent nuls indices de fusion ou de fritte, et se détachent même souvent nettement des substances enveloppantes, à l'exception, cependant, du cas où ils ont été empâtés par le granite. Quelquefois les morceaux schisteux sont infiltrés de petites lamelles de sulfure de plomb et autres parties minérales des filons.

Ce phénomène de la présence des fragments dans les filons de Pontgibaud n'est pas spécial à cette localité : c'est au contraire un de ces faits qui, par leur généralité, rendent inutiles les citations de localités; seulement nous observerons que quelques mines sont remar-

quables sous ce rapport, en ce qu'elles présentent des points tellement comblés de ces
débris incohérents, que l'on serait conduit à
supposer un véritable remblai effectué par la
main de l'homme, si l'on se trouvait à la proxi-
mité d'anciens travaux.

La période granitique précédente a été suivie d'une dislocation du sol assez puissante
par laquelle la vraie direction des filons a été
déterminée; elle a servi de prélude à l'introduction d'une matière siliceuse, accompagnée de sulfures de fer et de pyrites arsénicales, qui ont rempli, soit les nouvelles fissures
du granite, soit les parties du filon qui n'en
avaient pas été obstruées.

Ces dépôts siliceux peuvent se distinguer
en trois variétés : l'une, noire-grisâtre, qui domine à Pranal; l'autre, brune, qui domine à
Rosiers et se retrouve à Barbecot; enfin, la
troisième, qui n'est qu'un quartz blanc laiteux
est unie si intimement avec les précédentes,
tantôt les traversant sous forme de veinules,
tantôt traversée réciproquement par eux, ou
bien disséminée en petits nodules dans leur
masse, de telle manière qu'il devient impossible de douter de leur contemporanéité.

Les silicates bruns sont extrêmement tenaces; quelquefois leur aspect devient fibreux,
et ils ressemblent à des petites tourmalines;
ils sont fusibles au creuset brasqué, à la
température d'un essai de fer et produisent

des grenailles de fonte avec un laitier blanc, maculé de vert clair. Exposés à l'air, aux affleurements des filons, ils se suroxident en prenant une teinte brune claire ou rousse, et deviennent moins cohérents.

Les silicates noirs de Pranal possèdent à peu près les mêmes caractères que les précédents; mais ils sont évidemment plus siliceux, et ce qui est remarquable, les places qu'ils ont occupées dans le filon se sont aussi très-fortement chargées postérieurement en minérais de plomb, contrairement à ce que nous avons vu pour les points granitiques.

Ils empâtent tous beaucoup de fragments anguleux de roches schisteuses; quelquefois même de granite à petits grains. On y trouve des pyrites sulfureuses et arsénicales contemporaines, disséminées comme le quartz blanc et quelquefois même si intimement, qu'elles deviennent imperceptibles à la vue; mais le choc du marteau en décèle la présence par l'émanation sulfureuse et arsénicale qui en résulte, et d'ailleurs l'exposition à l'air en détermine la vitriolisation et la conversion en arséniates verts pulvérulents ou mamelonnés.

Ces sortes de pyrites sont donc très-anciennes dans ces filons. Nous verrons d'ailleurs qu'elles ont accompagné toutes les périodes subséquentes, en sorte qu'elles sont l'un des produits les plus constants de chacune d'elles, sans être pour cela le plus abondant.

Cette époque est encore bien caractérisée
par une absence presque complète de traces de
cristallisation; car, à l'exception des apparen-
ces rares de tourmalines, que nous avons indiquées, on ne voit rien, même parmi les pyrites,
qui puisse offrir l'indice d'un clivage distinct.
Ces dernières sont tout au plus granulaires,
et le plus ordinairement à cassure inégale. Il
semble que la matière, dont elles sont le produit, était tellement saturée que le dépôt se
prenait promptement en masse et arrêtait à
diverses hauteurs les débris extérieurs qui
tombaient dans le filon. On ne pourrait pas
supposer que la cristallisation ait été troublée
par une agitation continuelle d'un liquide
surchargé d'éléments; cette hypothèse ne ren-
drait pas aussi bien compte que la précédente,
des espèces de marbrures que forment le quartz
blanc et les pyrites dans le silicate brun; circonstance que l'on peut comparer à celle que
le sulfure de fer présente dans les savons mar-
brés, et dont la production exige que le savon
ait, au moment où on le coule, une consistance
qui ne doit pas dépasser un certain degré; car
on sait que s'il est trop épais, la masse est uniformément colorée, et s'il est trop fluide, le
sulfure gagne le fond.

La troisième période a débuté par une
nouvelle dilatation du filon. Les dépôts précédents ont été fracturés fortement et en
divers sens; tantôt les lambeaux en sont restés

adhérents au mur, tantôt au toit. Quelquefois
la fissure les a traversés par le milieu. Cette
dislocation n'a pu s'effectuer sans qu'il se pro-
duisît de nombreux fragments. Des masses supérieures sont descendues à un étage inférieur,
et la portion restée en place se trouve ainsi
coupée brusquement.

La nouvelle fracture ne s'est pas bornée dans
le filon même; mais elle s'est quelquefois prolongée dans la roche encaissante, et y a formé
des branches peu étendues, dans lesquelles on
ne trouve que des produits plus modernes que
les précédents : preuve irrécusable de la
moindre ancienneté relative de ces rameaux.

Peut-être doit-on rapporter à cette même
dislocation les filons du toit ou du mur de ces
mines qui ne renferment pas de ces silicates
bruns que nous venons de mentionner, comme
étant le produit de l'époque précédente. On
concevrait ainsi très-bien pourquoi ces filons
secondaires se chargèrent de minérai dans
les points correspondants à ceux où le filon
principal est quelquefois resté pauvre, puisque la dilatation totale de celui-ci a dû être
diminuée en raison de celle acquise par la
branche voisine, la somme des dilatations
restant invariable.

Le remplissage de cette période se compose
de nouveaux fragments de la roche encaissante, des débris du remplissage précédent,
et enfin, des dépôts chimiques. Il est inutile

de nous occuper de nouveau des premiers, qui n'ajouteraient rien à ce que nous connaissons déjà. Nous ne nous arrêterons pas davantage à la description de divers accidents qu'ils présentent quand ils sont en grandes masses; tels que les stries par frottement; le poli des surfaces qui ont glissé, etc. : choses que l'on peut se figurer aisément; tandis que les dépôts chimiques sont du plus haut intérêt, tant par leur mode d'enchaînement avec la gangue, que par leur nature variée et leur structure. Cette étude offre en outre un avantage spécial, en ce qu'elle peut conduire à déterminer des travaux de recherche sur des données mieux fondées que celles que l'on établit souvent aveuglément sur les premières fissures que le hasard fait rencontrer. En effet, quand bien même les altérations superficielles auraient enlevé d'un affleurement toutes les traces de métaux, les gangues pierreuses ont ordinairement résisté, et si elles se trouvent douées des caractères propres à une période métallifère d'un système donné, nul doute qu'on sera autorisé à faire des fouilles plus profondes et plus dispendieuses, et dont le succès est par conséquent plus certain que si elles ne présentaient que des matières provenant des périodes de stérilité.

Nous distinguerons les produits chimiques de l'époque en question en deux grandes classes; savoir : les quartz et les sulfures.

Les quartz se distinguent de tous les autres par leur texture éminemment esquilleuse, et même par une certaine tendance à la cristallisation, qui a acquis, vers les derniers temps de l'époque, assez d'intensité pour produire des pointements cristallins, qui hérissent la surface de quelques druses. On peut en conclure que le dépôt a été de moins en moins précipité, et que l'affluence des produits a été même assez modérée vers la fin. Cependant en somme ces quartz peuvent être considérés comme de véritables hornsteins ou quartz néopètres. Leur couleur est essentiellement blanche; mais ils passent souvent au gris ou au brun par suite d'une interposition de matières étrangères, notamment quand ils se trouvent en contact avec les débris des silicates bruns de la période précédente, dont ils paraissent avoir absorbé une partie du principe colorant.

Quelquefois, mais rarement, ils se sont déposés à l'état granuleux et ressemblent à ces sels pulvérulents que l'on obtient en évaporant rapidement les liqueurs dissolvantes. L'ensemble de la masse prend alors un aspect granulaire et subcristallin, comme celui de certains sucres poreux.

Les plus petits cristaux de quartz des druses de cette époque se trouvent dans la mine de Barbecot, où ils dépassent rarement la grosseur d'une pointe d'aiguille; ils sont plus

développés à Pranal, où leur diamètre atteint
jusqu'à deux ou trois millimètres, et enfin,
aux Combres leur dimension s'est encore
agrandie. Ces trois filons parallèles sont à
l'ouest l'un de l'autre, en sorte qu'il semblerait
que la tendance à la cristallisation à une
époque déterminée a été dans cette localité
de plus en plus développée, à mesure que
l'on s'avance de l'est à l'ouest, perpendiculairement aux filons; nous en verrons d'autres preuves par la suite. Ces quartz ont
encore éprouvé sur place de petites fractures, occasionées par des retraits ou par des
secousses, et ont été agglutinés immédiatement par des infiltrations, soit quartzeuses,
soit de sulfures contemporains. La texture de
ces veinules de jointure est plus cristalline que
celle de la masse qu'ils cimentent; ce qui
confirme encore le fait du développement de
la cristallisation vers les derniers termes de
la période.

Du reste, ces quartz ont accompagné intimement les sulfures; car, tantôt ils les recouvrent,
tantôt ils en sont recouverts, et, enfin, ceux-
ci y sont fréquemment disséminés plus ou
moins uniformément, en sorte que l'ensemble
prend souvent une texture porphyroïde, à
cristaux de grosseur variable, régulièrement
espacés sur de petits fragments; mais dans les
grandes masses cette disposition n'a plus lieu;
souvent les sulfures s'y disséminent si gra-

duellement que le quartz en prend la nuance,
et qu'il devient impossible d'en séparer les
moindres parties par les procédés mécaniques.
Ce cas est fréquent pour les galènes à fines
facettes et pour les blendes.

Les sulfures de cette période sont encore
les pyrites sulfureuses et arsénicales, les galènes, les blendes, les pyrites cuivreuses et
peut-être quelques traces de sulfure d'antimoine, de bournonite et de fahlerz, que l'on
a rencontrés çà et là, mais toujours à la surface des autres matières, en sorte qu'il devient
douteux si l'on ne doit pas les rapporter à
une époque subséquente.

Les premiers de ces sulfures n'affectent
aucun ordre constant, l'un par rapport à
l'autre; tantôt la galène enveloppe la pyrite,
tantôt elle en est enveloppée. La même diffusion se remarque par rapport à la blende;
quelquefois même celle-ci présente entre chacune de ses lamelles des petites couches excessivement minces de galène, qui lui communiquent un éclat métallique très-trompeur.
Cette simultanéité de formation sans combinaison est une forte preuve du peu d'affinité
réciproque de ces deux sulfures, et la même ré-
pulsion chimique se manifeste d'ailleurs aussi
d'une manière marquée dans les traitements
métallurgiques.

Nous croyons du reste inutile d'insister en
détail sur les caractères minéralogiques et

les formes cristallines variables de ces divers minérais, ces accidents n'ayant qu'un intérêt local et borné. Nous nous contenterons d'observer que généralement la pyrite sulfureuse est très-efflorescente; que les pyrites arsénicales et cuivreuses sont rares, et ne jouent, par conséquent, qu'un rôle très-secondaire. La blende, au contraire, est très-commune; elle est brune ou noire; ses cristaux suivent la loi de dimension que nous avons observée relativement au quartz, en allant d'un filon à l'autre de l'est à l'ouest; il en est de même des galènes : celles-ci sont ordinairement à petits grains ou à grains moyens, antimoniales et argentifères. On rencontre cependant aussi des masses de galène à grandes facettes, et ces sortes de minérais suivent, par rapport à leur teneur en argent, la loi si fréquemment observée de leur enrichissement, à mesure que leur texture devient plus fine. Leur forme est l'octaèdre, plus ou moins modifié par des troncatures sur les arêtes, et jamais on n'en a rencontré qui aient eu la forme cubique, commune qu'elle soit d'ailleurs dans les autres mines.

Après que le dépôt des matières précédentes se fut effectué en diminuant d'intensité et en donnant lieu à des cristaux d'autant plus réguliers par cela même qu'ils étaient plus superficiels, il est survenu une nouvelle secousse dans le filon, dont le résultat principal a été d'en détourner les agents qui ame-

naient la blende et la galène, et d'y intro-
duire le sulfate de baryte, ou au moins des
sels capables de le produire par leur réaction.

Cette quatrième période a été accompagnée
des mêmes accidents que les autres phénomènes
du même ordre, c'est-à-dire, de glissements,
de fractures dans les dépôts préexistants et
d'éboulements des parties disloquées. De nouvelles branches se sont ouvertes, et c'est à cette
époque que l'on peut rapporter certaines
veinules qui ne contiennent que de la baryte
sulfatée, et disposées, soit dans le voisinage,
soit même à une assez grande distance des
filons principaux.

Assez ordinairement la dilatation s'est effectuée de telle manière que la nouvelle fissure
se trouve au milieu même du filon ; mais souvent, par le déchirement des masses antérieures, elle s'est tout à coup portée transversale-
ment au toit ou au mur ; enfin, elle a été mul-
tiple, en sorte que le sulfate de baryte occupe
diverses branches parallèles ou obliques dans
le filon ancien, et a pénétré ainsi dans les druses
qui n'avaient pas encore été comblées.

Il résulte de cette inégalité d'action que
non-seulement le dépôt de baryte n'est pas
uniforme, mais qu'il occupe plus spécialement
certaines colonnes, tout comme nous avons
déjà vu quelques dépôts des époques précédentes. Peut-être aussi ce minérai a-t-il éprouvé
l'influence de ces actions répulsives ou attrac-

tives, développées par les matières du filon lui-même, et dont nous avons déjà cité tant d'exemples; ce qui tendrait à le prouver, c'est que les dépôts siliceux qui ont continué à paraître dans cette même période, affectent jusqu'à un certain point de ne pas se trouver en mélange avec lui ou dans les mêmes parties du filon.

La matière siliceuse a cristallisé cette fois très-régulièrement; elle forme de gros cristaux de quartz prismé, hyalin, quelquefois enfumé, qui ont jusqu'à 0,03 de diamètre; ils sont d'ailleurs toujours en recouvrement sur les sulfures des époques précédentes, ce qui prouve leur âge postérieur.

Quant au sulfate de baryte, il est généralement en grandes lames, d'un blanc pur, opaque, et ne présente que très-rarement des cristaux déterminés; il forme fréquemment des échantillons très-caractéristiques par leur mode de structure; ainsi il n'est pas rare de trouver des morceaux dont le centre est un fragment de roche ancienne, enveloppé par la formation des quartz esquilleux et des sulfures de plomb et de zinc de la précédente époque, sur lesquels il vient se superposer à son tour.

Il est encore à remarquer que quand il enveloppe directement des roches anciennes, il a pris ordinairement une teinte violacée, qui se perd peu à peu, à mesure de l'éloignement du contact; ce fait confirme celui que nous

avons déjà avancé à l'occasion de la colora-
tion des quartz esquilleux, savoir que les dissolvants qui l'ont amené ont agi sur les roches
préexistantes en leur enlevant quelques matières colorantes solubles; mais le peu d'intensité de cette action prouve aussi à quel
point ces dissolvants étaient peu énergiques.

Quelques sulfures ont encore paru au milieu de cette suite de dépôts barytiques et
quartzeux; ils sont peu abondants et se composent de pyrites ferrugineuses et de bournonites. Leur contemporanéité ne saurait
être douteuse; car souvent ils sont interposés
en lamelles ou en petits cristaux déterminables,
bles, aplatis et couchés entre les lames mêmes
de la baryte sulfatée.

La cinquième période correspond encore
à une nouvelle dilatation du filon; elle s'est
opérée principalement entre les salbandes et
les épontes, sans que cependant la règle soit
invariable. Les dépôts chimiques ont cessé de
se manifester avec intensité. Le nouveau remplissage a été principalement formé par des
argiles que l'on peut considérer comme provenant d'infiltrations venant de la surface;
elles forment les *lisières du filon,* en sorte que
celui-ci s'est enfin constitué dans son état de
perfection, et les époques subséquentes ne
nous montreront plus que des traces de dégradation.

Ces argiles sont très-tenaces et onctueuses

quand elles sont pures; mais fréquemment
surchargées de détritus, provenant du filon
lui-même, tels que des fragments anguleux
de galène, de blende, de quartz, de baryte
sulfatée. Leur couleur ordinaire est grise,
quelquefois rubannée de blanc ou de jaune
par des mélanges d'ocre. Leur texture est schistoïde, à feuillets très-lisses, et elles sont dans
un état de compression d'autant plus évident,
qu'en recevant le contact de l'air et de l'humidité, elles se gonflent avec une force pro-
digieuse. Les mineurs mettent à profit cette
propriété, pour faciliter l'abattage des minérais, en poussant d'abord sur un seul des
côtés du filon quelques toises d'avancement.
Pendant cette opération, la lisière argileuse
de l'autre salbande se dilate et détermine la
désagrégation des portions du filon qu'on y
avait laissé adhérentes, et qui peuvent alors
être détachées sans recourir à la poudre.

Dans d'autres mines, où ces argiles ont acquis plus d'épaisseur, leur force de gonflement
est telle que les plus gros bois de soutène-
ment se fendent par cet effort gradué, au bout
d'un temps assez court, sans qu'il y ait éboulement de l'argile, qui reste adhérente à elle-
même. Les parois des galeries se rapprochent
ainsi les unes des autres, et l'on est forcé
de recommencer au bout de quelques se-
maines un nouvel élargissement et un nouveau boisage, aucun n'étant capable d'op-

poser une résistance à cette poussée continue.

Indépendamment de ces argiles, on trouve à Pontgibaud des lisières qui sont évidemment le produit d'une altération intense des roches encaissantes ; il en est résulté divers hydrosilicates, qui quelquefois ne se délaient pas dans l'eau et rentrent dans la classe des argiles prétendues endurcies.

Les produits chimiques de cette époque sont tous inclus dans les argiles précédentes et se composent de quelques quartz laiteux ou cristallins, infiltrés d'un calcaire lamellaire, quelquefois cristallisé en rhomboïdes, combiné avec une forte dose de carbonate de fer, et dont la couleur rose paraît due à une matière organique ; car il laisse surnager une quantité assez abondante d'une matière huileuse quand on en opère la dissolution par l'acide muriatique. En même temps l'on obtient des paillettes excessivement fines de sulfure d'argent, qui y étaient disséminées ; enfin, quelques bournonites et des pyrites cubiques ou prismatiques ont encore cristallisé au milieu des argiles. Les pyrites cubiques présentent quelquefois ce fait remarquable que l'une de leurs extrémités est formée par une pyrite arsénicale nettement distincte ; circonstance qui démontre clairement qu'il n'y a pas de combinaison réelle entre ces deux espèces, comme on a cherché quelquefois à l'établir, et qui explique en même temps pourquoi on obtient

11

dans certains cas des sublimés de sulfure d'arsénic dans les essais au chalumeau exécutés sur ces minérais.

Souvent ces pyrites cubiques ont éprouvé sur place des compressions indiquées par leurs fragments réagglutinés immédiatement par des infiltrations quartzeuses, en sorte que les diverses parties sont en regard les unes des autres; tandis que les plans ne se suivent plus. Ces brisements viennent encore à l'appui de l'état de condensation dans lequel nous avons dit que se trouvaient les argiles qui renferment ces pyrites, et prouvent quelques dérangements postérieurs.

La sixième et dernière époque a débuté encore par des dislocations du filon; mais le remplissage venant d'en haut, au lieu de se composer de fragments anguleux, n'est formé que par des sables et galets provenant d'une alluvion ancienne, qu'on peut considérer ici, par rapport au cours de la Sioule, comme purement locale. Toutes les parties tendres du filon de Pranal, où ces phénomènes sont les plus prononcés, ont été excavées jusqu'à d'assez grandes profondeurs par l'impétuosité des torrents, qui ont déposé la matière alluviale. Cet effet a été surtout très-marqué au filon latéral de *Henri*. Il a été interrompu par un dépôt de galets et de sables qui recouvre ailleurs les affleurements des filons et tout le sol environnant. Aux environs de Barbecot, dans le filon du *Pré*, on rencontre encore un pareil encaissement de galets, élevé de plusieurs mètres au-dessus de la rivière actuelle. Il en est de même aux Combres et sous la coulée de lave pyroxénique qui, venant du volcan de Louchadière, a terminé son cours auprès du pont de Péchadoire.

Il est à remarquer que tous ces gîtes de galets sont disposés uniquement sur la rive gauche de la Sioule, quoique des parties planes de la rive droite aient pu leur prêter un lit convenable. Cette circonstance paraît difficile à expliquer dans toute autre hypothèse que celle d'un soulèvement ou affaissement d'une des rives, tandis que l'autre serait restée stationnaire par suite d'un défaut de liaison intime entre elles, occasioné par la grande faille ou rupture irrégulière dans laquelle la Sioule a pris son cours.

Les alluvions en question sont composées principalement de roches primitives du pays, de quartz et d'une grande quantité de basalte très-péridoteux, et comme d'ailleurs elles sont recouvertes en divers points, soit par la coulée du volcan de Louchadière, soit par celle du volcan de Pranal, on est en droit d'en conclure que cette période a été contemporaine aux éruptions des volcans à laves pyroxénées et basaltiques, dont les convulsions ont été la cause des dernières cassures que manifeste le filon.

Il n'y aurait donc rien d'étonnant si l'on

venait à rencontrer dans le pays des filons
métallifères coupés et embranchés par des
dykes basaltiques. Cela paraît même avoir eu
lieu pour quelques filons des environs de
Courgoul et de Saurier au sud-est des Monts-
Dores, dans lesquels on trouve des bandes de
basalte plus ou moins décomposé.

Les sables qui accompagnent les galets renferment beaucoup de fer titané; ils ont pénétré, en vertu de leur ténuité, dans des fissures du filon de Pranal, trop minces d'ailleurs pour laisser passer les galets. On en a
rencontré de pareilles dans le *premier d'Ar-
cade,* avant son intersection avec le filon
principal. Ces sables contiennent aussi quelquefois des morceaux de bois parfaitement
conservés, encore flexibles et seulement un
peu macérés et filamenteux par suite de leur
longue exposition dans l'humidité.

A partir de cette époque, les dépôts siliceux,
ferrugineux et calcaires, ont continué à paraître jusqu'à nos jours avec les sources minérales; mais avec cette différence essentielle
et difficile à expliquer, que la silice n'est
plus que dans un état gélatineux, ou autrement, à l'état d'acide parasilicique, et ne
paraît plus susceptible de cristalliser. Le fer
est uniquement à l'état d'hydrate de peroxide;
le calcaire seul, en vertu de ses affinités énergiques, a pu conserver l'acide carbonique,
qui, du reste, se dégage continuellement et

avec une excessive abondance, soit libre, soit dissous dans les eaux, non-seulement par les filons, mais encore par les fissures multipliées, dont le sol est traversé.

Les diverses matières qui accompagnent ces sources se mélangent en toute proportion et constituent des dépôts d'ocres à base de silice gélatineuse ou des travertins plus ou moins purs; mais il n'y a plus de formation de carbonates doubles ou multiples comme dans la période précédente, puisque le fer est peroxidé.

Ces dépôts ferrugineux et calcaires tendent constamment à obstruer les travaux du mineur, en sorte que, si après l'épuisement du filon on laissait les galeries fermées pendant une longue série d'années, et que la masse pût acquérir une certaine compacité par les infiltrations successives, il y aurait lieu à établir des exploitations nouvelles sur des minérais de fer hydratés silicifères et calcifères. Déjà même l'on trouve de ces ocres très-compactes cimentant les remblais, et leur surface mamelonnée est quelquefois dorée comme celle de certains hydrates de fer ordinaires et d'ancienne formation.

Ces comblements périodiques et inégaux, ces dislocations répétées, les morcellements qui en ont été la conséquence, les dilatations variables à chaque secousse, toutes les altérations et autres bouleversements qui ont dû résulter d'actions si diverses, rendront suffisamment raison de l'irrégulière distribution des minérais dans ces filons, quelque bien réglée que soit d'ailleurs leur allure générale.

Il peut paraître étonnant que nous ayons trouvé une série aussi remarquable de dilatations dans un seul et même filon; mais le fait n'offre en lui-même rien d'incompatible avec ce que nous connaissons d'ailleurs dans la nature. Si elle a procédé au soulèvement des montagnes par une première action d'une intensité excessive qui a caractérisé l'ensemble de leur système, on peut concevoir à la suite de cette première secousse, des agitations d'un ordre inférieur, par lesquelles a eu lieu l'épuisement plus ou moins complet de la force primitive, ou qui ont achevé de déterminer la position d'équilibre entre les parties disloquées.

Qui ne connaît à cet égard le fait de l'ascension graduelle de certaines parties des côtes de la Suède, dont la somme est d'environ un pied par vingt-cinq ans. Croit-on que ce bombement puisse s'effectuer sans que certaines fissures de la contrée se dilatent d'une certaine quantité. Les oscillations qu'a éprouvées le temple de Sérapis, près de Pouzzoles, ont dû encore nécessairement amener de pareils résultats?

Passons actuellement à des faits d'un autre ordre; ils sont relatifs aux changements que présentent les minérais par rapport à leur distance de la surface.

On voit des filons qui se trouvent déjà nobles sous la terre'végétale; d'autres ne le deviennent qu'à une certaine profondeur; enfin, le minérai peut y changer complétement de nature, et le filon en éprouver un appauvrissement.

En Hongrie, les minérais les plus riches ne se trouvent pas immédiatement à la surface, ni à une grande profondeur; ils occupent une position moyenne entre 80 et 150 toises au-dessous du niveau du sol, quelles qu'en soient les irrégularités. Plus bas, le mélange du minérai avec la gangue devient de plus en plus intime; aussi les opérations de lavage qu'il faut faire subir aux minérais avant la fonte se compliquent à tel point que souvent on est forcé de suspendre l'exploitation sans que les filons se soient montrés plus étroits qu'à leur affleurement. Dans la Transylvanie, beaucoup de veines d'or ont été remplacées dans la profondeur par des minérais de plomb. Dans le Bannat on a vu le fer opérer cette substitution.

MM. Élie de Beaumont et Dufrénoy ont aussi observé en Angleterre, une certaine gradation pour quelques filons de cuivre du Cornouailles; ils deviennent insensiblement plus riches à une plus grande distance du jour, sans que la nature de la gangue change entièrement; mais le quartz, par exemple, au lieu de former des masses solides, se pénètre de fissures et de cavités. Dans d'autres cas une des gangues augmente beaucoup en proportion, relativement à l'autre; ainsi, quand la masse est formée d'un mélange de quartz et de chlorite, celle-ci finit par dominer au point de rester pure.

D'autres filons ont donné du cuivre près de la surface, tandis qu'on les a trouvés riches en étain dans la partie inférieure; mais pour cet exemple, ajoutent ces géologues, il est probable que le phénomène est dû à la rencontre de deux filons, dont l'un est cuprifère et l'autre stannifère. Il serait, dans tous les cas, bien à désirer que les exemples que nous venons de citer fussent examinés de nouveau avec tout le soin nécessaire. Nous avons dû les présenter tels qu'ils ont été signalés; mais d'un autre côté la nature de la roche encaissante n'a-t-elle pas changé et produit par une sorte d'affinité élective des modifications analogues à celles que nous avons déjà signalées. La différence de température entre le voisinage de la surface et la profondeur, peut-être aussi la pression d'une si grande colonne de matières fluides, ont pu occasioner des changements dans le mode de cristallisation, et, par conséquent, dans l'enchevêtrement des matières d'un filon. Les expériences que M. Beudant a faites pour déterminer les modifications que diverses causes mécaniques

auraient pu amener dans la cristallisation,
prouvent suffisamment que cette dernière est
capable d'un effet remarquable.

Enfin, le contact de l'air ou au moins le
libre débouché que l'atmosphère présente en
quelque sorte à des vapeurs ou à des gaz emprisonnés à une plus grande profondeur par
les parois du filon, a encore pu jouer un rôle
dans ces actions, par suite de la différence de
tension qui en est résulté. Quoi qu'il en soit,
quelques causes analogues ont dû nécessairement agir à Joachimsthal en Bohème. Nous
avons vu combien les rapports entre les minérais, les porphyres et les basaltes étaient
intimes ; ces faits, combinés avec l'élargissement de quelques-uns de ces filons en profondeur et leur terminaison en coin vers le
haut, rendent impossible toute autre théorie
que celle de leur remplissage par des agents
venant de l'intérieur de la terre, et cependant
la plus grande partie des minérais s'est concentrée dans les parties supérieures des filons,
comme le démontre l'historique de ces mines.

Il résulte en effet des écrits de Mathésius et
de la chronique de Joachimsthal, qu'elles pri-
rent dès leur origine, en 1516, une extension
étonnante. Les minérais riches qui se trouvaient dès la surface, provoquaient de tous
côtés des recherches. Vingt-cinq filons nobles
étaient déjà exploités au bout de quatorze ans,
à dater de leur découverte. Dans les quarante-

quatre premières années, le bénéfice net dé-
passa plus de quatre millions; au bout de
soixante ans on avait produit 1,291,369 marcs
d'argent, et cependant la production avait
déjà décliné vers le milieu du même siècle,
à tel point qu'en l'année 1589 l'empereur
Rodolphe fut dans la nécessité de désigner
une commission pour faire une enquête sur
la cause de la décadence de ces mines. Elle
constata que la profondeur métallifère avait
été généralement dépassée. Cependant, beaucoup de ces gîtes montrent du minérai à une
grande profondeur; mais ces exemples sont
isolés et inhérents à des relations de contact
aisées à démontrer; ainsi les uns se trouvent
en rapport avec la couche calcaire, ou bien
avec le porphyre, etc. Les croisements de
filons y ont encore occasioné une plus grande
profondeur métallifère qu'aux autres points.

Le fait déjà signalé de l'absence du minérai
dans les parties supérieures des filons de Procopi et de Junghauerzecher n'est pas contraire aux résultats que nous venons d'énoncer.
En effet, si le métal n'a commencé à s'y
montrer qu'à la profondeur de 100 toises, cela
tient uniquement à ce que le filon est fermé
au-dessus de ce niveau; mais aussi il cesse
d'en fournir en quantité exploitable à la profondeur de 40 à 60 toises plus bas, en sorte
que l'étendue métallifère ne se distingue en
rien de celle qui est générale dans la contrée.

Dans tout ce qui précède sur la disposition des minérais, par rapport à leur distance du jour, nous avons, autant que possible, cherché à éviter de mentionner les faits qui auraient pu provenir des altérations superficielles. Celles-ci ont aussi occasioné des changements très-remarquables à la partie supérieure des filons, et l'on doit ranger parmi leurs produits les fréquents dépôts d'hydrate de fer, connus des mineurs sous le nom de *chapeau de fer des filons*; mais nous insisterons sur ces nouveaux faits quand il sera question des modifications que les espèces minérales éprouvent par les agents atmosphériques et autres.

CHAPITRE V.

Détails sur divers gîtes particuliers, tels que les amas, les filons de contact et les filons-couches.

SECTION I.ʳᵉ
Des amas et des stockwercks.

Nous avons défini les amas comme étant de grandes masses minérales non stratifiées, de figure irrégulière, cependant ordinairement arrondies ou elliptiques; ils sont métallifères ou stériles. Ce dernier cas, qui est le plus commun, se rencontre fréquemment pour les terrains granitiques, les porphyres, les roches serpentineuses, les ophites, et, en général, pour tous les terrains plutoniques qui ont percé à diverses époques au travers de la croûte du globe, en dérangeant la stratification des couches voisines et en produisant en même temps des actions chimiques très-évidentes. Les faits connus sous ce rapport sont trop nombreux et se multiplient de jour en jour à tel point qu'il devient inutile d'entrer dans des détails à cet égard.

Les amas métallifères les plus remarquables et les mieux décrits sont ceux qui contiennent de l'étain, du cuivre pyriteux et du fer oxidulé. Les exploitations séculaires auxquelles ils ont donné lieu ont permis d'en connaître à fond la structure et toutes les relations. Le minérai y est rarement disséminé d'une manière uniforme, mais seulement sous forme de veinules qui se croisent en divers sens et dont l'enchevêtrement réciproque a donné lieu à la dénomination particulière de stockwerk, qu'on peut traduire en français par les mots *assemblage de veines*.

Pour se faire une idée approximative de ces stockwerks, on peut, d'après M. d'Aubuisson, se figurer que la masse, avant son entière consolidation, a éprouvé un retrait, qui l'a crevassée en divers sens, et que les parties métalliques se sont concentrées en partie dans les fentes. Cependant, quelques lois par-

ticulières se manifestent encore dans ces fractures, et nous ne pouvons mieux les faire ressortir qu'en donnant quelques descriptions
détaillées de divers gîtes bien connus.

L'amas stannifère de Geyer (fig. R) se compose d'une masse de granite à grains fins peu
micacé, en forme de cône circulaire tron-
qué et encaissé dans le gneiss; mais sans s'y
joindre, car il est entouré sur tous ses points
d'une ceinture épaisse de quelques pouces à
quelques pieds, que l'on désigne sous le nom
de *stockscheider,* et qui est formée d'un granite très-différent du premier. Le quartz et le
feldspath y forment des morceaux de deux à
seize pouces de longueur et de largeur, et d'un
quart à deux pouces d'épaisseur. La masse pré-
dominante est un feldspath rougeâtre. Le
quartz esquilleux, cristallin ou compacte, y
occupe aussi quelquefois de grands espaces,
et le mica s'y trouve disséminé par nids ou
en morceaux de deux à six pouces de diamètre; il est noirâtre et ressemble assez à une
blende. Cette lisière est adhérente aux deux
épontes, et on ne peut la supposer plus moderne que les roches voisines.

L'amas, suivant Duhamel, est traversé par
des filons de quartz horizontaux et verticaux,
chargés d'étain. Certaines parties E ne contiennent pas beaucoup de veines; il y en a
d'autres, comme en F, qui en présentent une
grande quantité, mais souvent très-étroites.

Les veines qui ont si peu d'épaisseur ne
s'étendent pas loin, à moins qu'elles ne deviennent plus puissantes. Ces petites veines
sortent aussi rarement de la masse du granite. Les plus larges et les mieux réglées,
telles que AG, AH, AI et KL, se prolongent
au-delà du granite et passent dans le gneiss;
mais ces veines n'y sont plus ni aussi larges,
ni aussi abondantes que dans le granite. Il y
en a beaucoup qui, au lieu de passer dans le
gneiss, s'y arrêtent et sont entièrement coupées; telles sont celles MN et OP; enfin, quelques veines sont presque comprises entre le
granite et le gneiss; QR en est une, qui de R
en I passe dans la dernière roche.

Les mineurs ont observé que les meilleures
veines de ce stockwerk ont leur direction de
l'orient à l'occident, et que celles qui prennent une autre route sont très-inférieures et
moins constantes. Les différences que nous
avons déjà signalées entre les divers systèmes
de filon d'une contrée, semblent donc se soutenir dans ce minutieux détail.

Quand plusieurs veines se réunissent, comme
en A, ces points sont les plus abondants en
minérais.

Le granite lui-même est imprégné de minérai, mais en moindre quantité que les veines,
et quoiqu'en E, par exemple, on n'aperçoive
aucune veine, la roche n'en est pas moins
stannifère.

Ce stockwerck a produit de l'étain dès la surface, et l'on a même assuré à Duhamel qu'il y était plus abondant qu'à la profondeur de 380 pieds, où on l'exploitait en 1757.

L'amas stannifère d'Altenberg (fig. S), d'après la description de Klipstein, présente une bien plus grande complication. Il est formé par un porphyre gris foncé, rarement gris clair, passant au gris rougeâtre, et dont la structure n'est pas homogène, mais il renferme souvent du quartz. Sa longueur est d'environ 200 toises sur une largeur de 150.

Il est traversé dans toutes les directions par une multitude de petits filons en serpenteaux, qui se croisent fréquemment. Leur puissance varie d'un pied à plusieurs pieds; ceux orientaux et occidentaux sont les plus nobles et les plus puissants, et ceux qui sont verticaux et horizontaux, sont trop remplis d'argile et perdent de leur teneur en métal.

Tout le système est coupé dans son milieu par un filon plus puissant, à peu près vertical, rempli en partie par des débris de la roche encaissante, et en partie par de l'argile ferrugineuse, et il est évidemment plus moderne que les autres, puisqu'il les croise tous.

La roche qui encaisse tous ces filons est toujours plus ou moins imprégnée de particules d'étain, lesquelles s'étendent quelquefois à la distance de plusieurs toises au-dela de leurs salbandes, en sorte que presque toute la masse de l'amas est stannifère et peut être employée comme minérai à trier et à bocarder; mais la richesse de la roche est constamment plus grande près des intersections des filons. Quelquefois même le minérai s'est concentré principalement autour de ces points.

Plus la roche porphyrique a absorbé d'étain dans sa pâte, plus aussi elle paraît riche en quartz; elle prend donc un caractère spécial, qui est d'autant plus saillant que les mélanges quartzeux ne se séparent plus nettement de la masse principale, mais y sont toujours plus ou moins imperceptiblement fondus. Cette circonstance a fait désigner la roche sous le nom de hornstein porphyrique.

La richesse en minérai est réellement en rapport avec l'abondance en quartz, et il abonde surtout dans les parties où le quartz est plus marqué. Quelquefois même l'étain s'est montré si abondant dans la roche porphyrique, que sa teneur s'est élevée de 60 à 70 pour 100.

Vers le nord-ouest, l'amas porphyrique passe à un granite porphyrique, par suite de la séparation du feldspath, qui se manifeste en gros cristaux. A cette modification correspond une diminution dans la richesse et dans la puissance des filons stannifères. Ils y poursuivent leur route, mais ne s'y présentent plus qu'en filets minces ou sous forme de simples fissures. La roche encaissante est en même temps bien appauvrie.

Les deux tiers environ de l'amas sont entourés par un porphyre syénitique, qui renferme dans sa pâte feldspathique des cristaux abondants d'amphibole et de feldspath. Sa puissance, connue par les travaux d'exploitation, est au moins de 6o toises, et les filons de l'amas porphyrique s'y perdent aussi, comme dans leur passage dans le granite précédent; mais ils reprennent une puissance remarquable quand le porphyre syénitique a été remplacé de nouveau par le porphyre quartzifère ordinaire. Ici sa couleur est rouge clair ou rouge brunâtre. Le quartz y est mélangé sous forme de petits cristaux ou de grains, qui disparaissent quelquefois complétement.

La gangue de ceux d'entre les filons qui ont repris le plus de puissance dans ce porphyre, se compose d'une argile en partie rouge, en partie blanche; ils contiennent en outre des débris de la roche encaissante et beaucoup d'étain. Ce minérai est aussi disséminé dans le porphyre au toit et au mur, à une distance variable de 1 ½ pied à 2 toises.

L'exploitation de ces filons a fait reconnaître le contact du gneiss et du porphyre; il est nettement tranché, ou bien on y voit un fendillement des deux roches, duquel résulte une apparence assez semblable à une accumulation de conglomérat, passant insensiblement à des masses plus solides, d'une part dans le gneiss et de l'autre dans le porphyre;

enfin, en d'autres points les deux roches se fondent imperceptiblement l'une avec l'autre. La transition se manifeste d'abord par l'isolement de petites stries feldspathiques ; elles deviennent insensiblement plus abondantes ; le mica commence à paraître ; il prend ensuite une assiette déterminée, et le gneiss est formé.

Ordinairement les filons stannifères s'arrêtent au gneiss ; cependant on en voit quelques-uns dans cette roche ; mais ils ne sont pas en liaison avec les précédents.

Le contact du gneiss et du porphyre a encore présenté sur l'un de ses points un fait bien remarquable. On y trouve une roche peu puissante, que l'on pourrait prendre au premier coup d'œil pour un schiste argileux, fortement carburé. En effet, l'anthracite y est disséminée, tantôt sous forme schisteuse, tantôt compacte, avec des grains quartzeux noirs, et forme encore des masses pures, disposées en veinules et en rognons. Cette présence de l'anthracite dans des terrains de cette nature est un fait excessivement rare.

Du reste, les filons d'étain de tout ce système contiennent divers minérais remarquables : ce sont principalement des fers oligistes, de la chaux fluatée, du calcaire spathique et fibreux, de l'urane phosphatée, du quartz hyalin et du gypse ; enfin, l'amas porphyrique renferme encore un nid de pinite d'une dimension remarquable.

Le gîte de Zinnwald (fig. T) n'est pas moins intéressant que le précédent ; il est formé par une masse hémisphérique, aplatie sur le sommet, composée d'un granite à gros grains et porphyroïde, entouré par un porphyre feldspathique. Dans le granite se trouvent des espaces présentant une apparence de stratification, dont les assises ont une puissance d'un pied environ et renferment l'étain.

Ces couches sont coupées et rejetées d'une manière variable par 13 à 14 filons plus modernes, constamment stériles ou remplis de fragments granitiques.

Les phénomènes produits par ces rejets sont très-remarquables. Le déplacement a eu lieu quelquefois jusqu'à une distance de 4 ou 5 toises, et de plus deux couches superposées n'ont pas conservé leurs distances respectives dans les portions disloquées ; mais celles du toit ou du mur se sont quelquefois rapprochées ou écartées, en sorte que les épaisseurs intermédiaires ont varié. Ce phénomène est difficile à expliquer. Doit-on donner pour raison de cette irrégularité les ébranlements puissants et les fendillements qui eurent lieu lors de la formation des filons les plus modernes ? ou bien doit-on admettre qu'elle est due à l'état pâteux de la roche lorsqu'elle a été fracturée ? Dans ce cas, l'étain devrait être contemporain à la roche encaissante.

On a reconnu environ sept couches d'étain,

qui se courbent en quelque sorte parallèlement à la surface extérieure de la masse encaissante, et leur inflexion est à son maximum près du contact du granite et du porphyre, contre lequel elles s'arrêtent. Leur toit et leur sole sont presque généralement accompagnés de beaux cristaux de quartz, qui pénètrent dans la roche encaissante, et les druses sont remplies de wolfram et de plusieurs autres minérais que l'on rencontre ordinairement associés à l'étain.

Qu'il nous soit permis d'ajouter ici quelques réflexions sur cette apparente stratification de l'étain. Elle semble, au premier coup d'œil, contraire à tous les faits que présentent les terrains non stratifiés, dont la structure est généralement homogène. Cependant, les anomalies analogues ne sont pas absolument sans exemples. M. Dufrénoy a déjà signalé, dans son Mémoire sur le plateau central de la France, un granite particulier des environs de Chanteloube, qu'il propose de désigner par le nom caractéristique de *granite à grandes parties*. Il est formé de masses irrégulières, plus ou moins puissantes, de quartz hyalin blanc, gris ou brun, sublamellaire ou compacte; de feldspath blanc rose ou rougeâtre, laminaire, et quelquefois en cristaux volumineux; enfin de mica laminaire ou testacé, dont la couleur varie du blanc argentin au noir éclatant et au rouge foncé. Cet isolement de chacun des

éléments du granite, sous forme de gros rognons, adhérents les uns aux autres, est déjà
une première preuve de l'énergie que les
forces d'attraction de cristallisation sont sus-
ceptibles d'acquérir dans certains cas; celles-ci
peuvent encore déterminer une certaine régularité dans la distribution de ces mêmes principes. M. Roulin a observé au Castillo, à moitié
chemin entre l'embouchure du Méta et de la
Conception de Uruana, sur la rive droite de
l'Orénoque, dans la tranche d'un rameau
d'une des Cordillières, un granite composé
essentiellement d'un quartz blanc, d'un feldspath rose et d'un mica noir, dont l'ensemble
présentait au premier aperçu une apparence
de stratification; mais, vu de près, il était aisé
de reconnaître qu'il se composait d'alternances
périodiques de zones quartzeuses, épaisses de
2 à 3 pouces, suivies d'une bande de mica
épaisse de 8 à 9 lignes, auxquelles succédait
la couche feldspathique, dont la puissance
surpassait celle du quartz et du mica réunis.

Quelques-unes de ces sortes de couches s'a-
mincissaient peu à peu en forme de coin et se
perdaient dans la masse du rocher; d'autres,
au contraire, présentaient des renflements de
près d'un pied d'épaisseur, qui se remplis-
saient de cristaux, et anéantissaient dans leur
voisinage la série des autres éléments.

Dans quelques couches on voyait la réunion
du feldspath et du mica enchevêtrés l'un dans

l'autre, ou bien auprès d'une couche de feldspath bien pur, venait une autre couche qui
renfermait les lames du mica ; mais jamais ce
minéral n'était renfermé dans les bandes
quartzeuses ; enfin, l'inclinaison générale de
ces strates était de 15° environ vers l'E. S.-E. ;
or, toutes ces irrégularités de détail qui règnent
au milieu de la symétrie de l'ensemble, re-
poussent naturellement toute idée de stratification réelle, et ne peuvent s'expliquer que
par une disposition particulière des cristaux
que l'on peut comparer à celle de l'amas de
Zinnwald.

Si l'on compare entre eux les amas d'Altemberg et de Zinnwald, on voit encore qu'à une
aussi petite distance que celle qui les sépare
l'un de l'autre, le porphyre et le granite ont
cependant montré, sous le rapport de leur
teneur en minérais, des relations tout-à-fait
opposées; car à Altemberg l'étain disparaît
dans le granite, quoique les filons continuent
à y avoir leur cours; tandis qu'au contraire,
cette roche est stannifère à Zinnwald.

Il est inutile de s'étendre davantage sur la
description de gîtes analogues, dont nous
pourrions puiser des exemples dans le Cornouailles. Il nous suffira d'observer que le granite et l'elvan porphyrique s'y sont montrés
également stannifères et produisent des phénomènes à peu près pareils à ceux que l'on
voit dans la Saxe.

Le fer oxidulé présente encore des exemples positifs de cette corrélation intime des métaux avec les roches cristallines en amas dans l'acception que nous donnons à ce mot; mais, au lieu de se rencontrer dans des roches riches en silice et en alumine, comme le sont les précédentes, il se trouve dans les roches éminemment magnésiennes et ferrugineuses ou très-chargées de bases, que M. d'Aubuisson propose de désigner sous le nom de *sidéritiques,* à cause de leur disposition à se surcharger de protoxide de fer.

« Si cet oxide, dit-il, a augmenté au-delà du terme de saturation, il s'est trouvé en excès, et ses molécules, en se réunissant, ont formé les grains, veines et masses de cet oxide ou fer oxidulé des minéralogistes, qu'on voit si fréquemment dans les masses talqueuses, et, par conséquent, dans les serpentines. »

Le même fait se remarque encore dans les basaltes; mais le fer y est plus spécialement titané.

Ce fer se dissémine quelquefois en grains imperceptibles à la vue et il donne à la roche cette propriété magnétique, qui a été observée par M. de Humboldt et Guyton dans des amas de serpentine et des prismes de basalte; mais il se réunit aussi en masses exploitables d'une extrême richesse; c'est ainsi qu'au pied méridional du Mont-Rose, entre les vallées de Gressoney et de la Sesia, on voit une énorme

assise de serpentine tellement chargée de ces
filets et de ces grains, qu'il suffit d'exploiter
pour le service des fonderies de fer les blocs
qui s'en détachent et qui tombent dans le
vallon d'Olent.

A Traverselle, en Piémont, dans un terrain
de schiste micacé, se trouve une énorme
masse granitique, contenant un amas de fer
oxidulé, granulaire, ayant près de 500 mètres
de long, 400 de large et 300 de haut. Il est
associé à du talc, de la stéatite, du spath calcaire et quelquefois entremêlé de pyrites. Ces
diverses substances sont encore souvent disposées par veines et par bandes.

L'amas serpentineux de Cogne, inclus dans
une montagne de schiste micacé calcarifère,
forme aussi une masse puissante oblongue, de
mille mètres de longueur et de plus de 50
mètres d'épaisseur, dans laquelle le minérai
compacte est concentré sur une trentaine de
mètres d'épaisseur.

Mais aucun de ces exemples ne surpasse
en puissance et en célébrité le mont Taberg
en Suède; il forme un monticule de 125 mètres
de hauteur et de 5 à 600 mètres de longueur,
composé d'une diabase ou roche feldspathique et ampbibolique encaissée dans le gneiss.

Il est loin d'être pénétré uniformément de
fer; mais ce minérai est concentré spécialement dans des filons étroits et parallèles, ordinairement verticaux et dirigés du nord au
sud, à peu près comme la montagne.

Ils sont eux-mêmes remplis de feldspath et d'amphibole, mélangés intimement au minérai de fer, et leur puissance est très-faible.

Sur le penchant occidental de la montagne on trouve encore ce qu'on appelle le *minérai rubanné*, parce qu'il présente dans sa cassure alternativement des raies blanches et noires, provenant d'un mélange de spath et d'oxidule.

On rencontre des masses plus ou moins analogues dans la Sibérie et dans la Laponie, où M. Léopold de Buch cite l'amas de Kirnnavara, qui est reconnu sur une épaisseur de 800 pieds.

Enfin, c'est dans de la serpentine qu'on a trouvé en Provence le fer chromaté; il y est en veinules et en rognons.

Les gîtes de minérais de cuivre en amas paraissent devoir se rapporter à des faits du même ordre; mais leur diffusion dans des roches non stratifiées ne nous a pas paru aussi clairement établie que les exemples de l'étain et du fer. Ils se trouvent, en général, dans des parties de ces mêmes terrains, brisées et morcelées par des agents qui les ont laissés pour traces de leur action.

Un des exemples les plus frappants sous ce rapport est celui de l'île d'Anglesey. D'après la description de M. Frère-Jean, la montagne qui renferme ce gîte est plus vaste que celles environnantes. Sa superficie a au moins 2000 mètres carrés, et c'est sur cette plate-forme,

qui n'a aucun contour régulier, que l'on a
ouvert l'exploitation comme celle d'une carrière.

Les différentes roches qui composent la
masse sont des schistes ardoises, des grauwackes schisteuses, des schistes argileux ver-
dâtres ou rougeâtres, passant au schiste talqueux, et elles sont associées à la serpentine
et à l'euphotide. On y trouve encore d'abondantes couches de quartz très-imprégnées de
sulfure de fer et de hornstein (quartz néopètre).

Mais la disposition des couches est tellement
irrégulière et leur inclinaison réciproque
tellement variable, qu'on ne peut douter
qu'elles ne soient le résultat d'un grand bouleversement.

Le cuivre pyriteux forme au milieu de ce
désordre des systèmes de petits filons entre-
lacés, ayant pour gangue le quartz, la serpentine et la lydienne; ils n'ont ni direction,
ni inclinaison constantes, et quand ils se réunissent, c'est en forme d'étoiles, dont le centre
est une agglomération de minérais. On en a
rencontré une pareille qui avait jusqu'à 20
mètres d'épaisseur sur son petit axe, et divers
filons ayant jusqu'à 2 mètres de puissance,
s'en détachaient en divergeant; mais leur
puissance ordinaire est d'environ 2 décimètres. Ces filons sont souvent peu homogènes, et
la gangue en occupe quelquefois toute la puis-

sance; ils se perdent aussi insensiblement et semblent, pour ainsi dire, faire partie de la roche encaissante. Outre le sulfure de cuivre, la pyrite ordinaire y est encore très-abondante, et l'on y voit un peu de sulfure de zinc.

Le gîte de Fahlun, dans la Dalécarlie, paraît avoir quelque analogie avec le précédent.

La masse se trouve dans un vallon dirigé du nord-ouest au sud-est et borné par un granite rougeâtre, dont le grain s'atténue de plus en plus, à mesure qu'il se rapproche de ce point central; il finit par se changer en une roche talqueuse et amphibolique, à structure rhomboïdale et à texture ondulée, qui contient le dépôt.

L'étendue de celui-ci est d'environ 400 mètres sur 250 de large; sa longueur est dirigée dans le sens de la vallée, et il descend verticalement dans la profondeur.

Son centre est composé de pyrites ferrugineuses. Toute sa longueur est traversée par des veines de la roche; et il est cuprifère à la circonférence. Il projette au sud-est deux grosses branches sinueuses et séparées par un rocher qui contient aussi du minérai, mais dans une direction à angle droit, relativement aux autres. Enfin, du côté occidental de cette grande masse et sur la majeure partie de sa circonférence, se replient en arc de cercle

trois autres filons parallèles, qui pourraient
être considérés comme n'en formant qu'un
seul; car ils ne sont séparés que par de minces
cloisons de la roche talqueuse.

Les terrains de différents âges sont encore
assez fréquemment sujets à être percés par
des amas quartzeux qui s'élèvent au-dessus du
sol encaissant, en formant des masses coniques
ou oblongues, qu'on prendrait à une certaine
distance pour des buttes volcaniques.

Aux environs de Pontgibaud il en existe un
très-remarquable, qui est connu sous le nom
de roche Cornet. Son élévation est de 811
mètres au-dessus du niveau de la mer et d'environ 60 mètres au-dessus du plateau environnant; il est alongé du nord-ouest au sud-est,
et il paraît se rattacher à un système de filons
quartzeux et de chaux fluatée qui se rencontrent en divers points des environs et notamment à Martineiche. Peut-être la roche Cornet
occupe-t-elle le point principal d'application
de l'effort qui a produit tous ces filons.

Le quartz s'y présente à divers états depuis
l'opaque et amorphe jusqu'à l'état hyalin et
cristallisé; il présente de nombreuses zones
entrelacées et concrétionnées, indiquant une
forte et longue infiltration; enfin, la chaux
fluatée, violette ou verdâtre, y abonde comme
minérai contemporain. Il est à remarquer que
cette espèce a toujours cristallisé en octaèdres
très-nets ou curvilignes, quelquefois très-gros;

cependant cette forme est généralement peu fréquente.

Cette formation d'amas quartzeux, saillants à la surface des micaschistes, s'étend encore très au loin et sur tous les points de la contrée; mais ils sont loin de présenter une dimension aussi colossale.

Les géologues connaissent depuis long-temps la colline de Saint-Priest, qui surmonte le terrain houiller de Saint-Étienne. Les nouveaux détails que M. Dufrénoy a publiés à son sujet, sont trop intéressants et rentrent d'ailleurs trop naturellement dans notre sujet, pour que nous puissions les passer sous silence.

Le bas de la butte est formé par un véritable grès houiller, peu micacé et rarement schisteux, comme celui du reste du bassin. On y voit des empreintes de *calamites*, etc. Vers le milieu de la colline les caractères du grès s'effacent un peu, quoiqu'ils soient encore sensibles.

La roche se surcharge d'un quartz noir et gris clair, tantôt disséminé en fragments, tantôt contemporain à la pâte, qui en est comme imbibée. Le mica reste dans la roche comme témoin de son identité avec le grès houiller inférieur; enfin le tout est caverneux et les vacuoles sont irrégulières et quelquefois tapissées de petits cristaux de quartz et baryte sulfatée.

Vers le sommet de la colline les caractères du grès ont disparu presque entièrement; ils ne se montrent que par places isolées, et l'on y retrouve les empreintes de tiges.

La roche principale est alors un quartz silex qui se casse avec une grande facilité et qui est étonné dans tous les sens. Toutes les fissures sont tapissées de cristallisations quartzeuses et quelquefois barytiques. Ce quartz est généralement gris bleuâtre et ressemble assez à la calcédoine. On y retrouve aussi des empreintes de calamites et de fougères.

Ces diverses gradations ne permettent pas de douter que la butte de Saint-Priest ne soit une modification du terrain houiller, due à une puissante action chimique, analogue à celle que nous avons déjà citée, d'après M. Naumann, pour les environs de Tœplitz, où elle s'est exercée sous l'influence des porphyres sur les calcaires coquilliers. Nous en verrons de nouveaux exemples quand nous traiterons des filons de contact des environs de Badenweiler, en Brisgau, et de ceux de Bergheim, près de Colmar, dans le département du Haut-Rhin.

Les roches quartzeuses du Brésil, que M. d'Eschwege désigne sous les noms d'itacolumite et d'itabirite, et que l'on décrit dans tous les ouvrages comme subordonnées en stratification concordante aux schistes argileux, nous paraissent devoir se rapporter à de grandes actions analogues. A la verité, le géologue qui

nous en a donné la connaissance, insiste fréquemment sur la concordance de stratification et la contemporanéité des deux formations; mais d'un autre côté, si l'on consulte
avec attention ses écrits, on verra qu'il les as-
simile complétement aux roches non stratifiées, quand il dit: « de même que dans la précédente formation *l'amphibole a formé des
trapps* en s'accumulant vers les parties supérieures, de même ici nous voyons des sommets et des dos de montagnes composés de
fer oxidulé et oligiste micacé; assemblage
que je décrirai sous le nom général d'itabirite. Le talc, la chlorite schisteuse et la
pierre ollaire, sont également accumulés à
la partie supérieure du thonschiefer, où ils
forment des couches et aussi des montagnes
entières. »

Achevons de confirmer ces premières données par l'exposé complet des caractères essentiels de ces roches. L'itacolumite est schisteuse; elle se compose essentiellement de
quartz blanc, grenu, entremêlé de talc et
de chlorite, et les minéraux accidentels y sont
le fer oxidulé, des pyrites, du fer oligiste micacé, du mica, du fer arsénical, de l'antimoine,
et enfin, du soufre libre. Divers feuillets y sont
aurifères, et tout le système est traversé par
une grande quantité de filons quartzeux, contenant les mêmes substances. Dans l'itabirite
on retrouve les mêmes minérais, seulement

en proportion différente; mais l'ensemble en est solide ou compacte, et quelquefois d'une texture grenue, schisteuse.

Ces deux roches se trouvent souvent adossées l'une à l'autre, de manière que l'itabirite repose sur l'itacolumite, et elles forment des masses informes, saillantes énormément au-dessus du sol, puisque entre autres, à la Serra-da-Piedade, la masse d'itabirite a plus de 1000 pieds de puissance. Enfin, dans leur contact avec les roches schisteuses, celles-ci sont devenues ferrugineuses, talqueuses, chloriteuses ou amphiboliques; modifications qui leur ont valu le nom de schistes ferrugineux. L'or y est disséminé dans les points qui reposent sur l'itacolumite; ce qui n'a pas lieu dans les parties en contact avec le schiste argileux.

Il est impossible de ne pas voir dans cette gradation de la texture schisteuse prononcée dans les schistes ferrugineux et l'itacolumite, à celle confuse de l'itabirite, qui lui est superposée, ainsi que dans l'ensemble des modifications opérées sur la roche encaissante, des actions chimiques du même ordre que celles que nous avons vues pour la butte de Saint-Priest, près de Saint-Étienne, et si elles ont échappé au géologue distingué à qui nous devons ces descriptions, il faut se rappeler qu'à l'époque de ses observations la partie chimique de la géologie n'avait pas encore pris le développement qu'elle a acquis depuis. Il nous suffit, au reste, que les descriptions locales soient assez exactes pour qu'on puisse les entrevoir, et la science saura toujours en tirer parti à mesure que ses progrès en auront besoin.

Nous passerons sous silence un grand nombre d'autres gîtes, considérés comme des amas; mais outre que leur détail n'ajouterait rien aux descriptions précédentes, la plupart paraissent devoir rentrer dans les catégories suivantes, en vertu de leur structure et de leurs relations toutes spéciales.

SECTION II.

Des filons de contact.

Les nombreuses modifications que les roches sédimentaires ont subies sous l'influence des roches cristallines, telles que leur conversion en dolomies, en sulfates de chaux, en quartz; l'intercalation des masses de sel gemme entre leurs strates et une foule d'autres actions analogues, devaient naturellement nous amener à penser que l'apparition des métaux pouvait se rattacher dans bien des cas à des phénomènes chimiques du même ordre.

D'un autre côté l'association constante qui existe entre les roches non stratifiées et les dépôts métallifères, sur laquelle nous avons déjà tant de fois fixé l'attention, nous conduisait encore à les unir plus intimement les

13

uns aux autres, en cherchant si des exemples
d'un contact immédiat ne nous fourniraient
pas des preuves plus palpables d'une corrélation intime que celles qui résultent d'une
dissémination simultanée dans une même
contrée.

Les premiers faits que nous pûmes réunir,
à cet égard, furent naturellement ceux qui
se trouvent consignés dans la plupart des
écrits sur les filons. Ils y sont cités comme
exemples de circonstances anomales, comme
de simples exceptions à la règle générale, qui
fait envisager les filons comme des fentes qui
traversent les roches stratifiées en les croisant
dans des directions différentes des lignes de
stratification, sans que, du reste, on ait paru
y attacher d'autre importance.

Ainsi, Werner cite brièvement les filons de
Platten en Bohème et celui de fer oxidé brun
et rouge de Rothemberg, près de Schwartzen-
berg en Saxe, comme étant situés entre le gneiss
et le granite, et il observe de plus qu'une partie
de celui-ci pénètre dans cette dernière roche.
Il parle encore des roches porphyriques al-
térées du *Grund,* entre Freiberg et Dresde,
qui sont adjacentes à des filons de galène;
mais c'est dans le seul but de citer des exemples de la décomposition des roches siliceuses
au voisinage des filons.

D'autres géologues observèrent qu'à Johann-Georgenstadt les filons d'étain coupent

ceux de granite, tandis que les filons de fer se trouvent toujours à la jonction de cette dernière roche avec le gneiss.

On connaissait d'ailleurs l'exemple du filon de Lacroix-aux-Mines dans les Vosges, qui court parallèlement à la ligne de jonction du gneiss et d'un granite porphyroïde, passant à la syénite et au porphyre; mais ce n'était pas sur cette circonstance essentielle que l'on attirait l'attention; c'était tout simplement sur sa grande puissance et sur l'étendue de 1300 mètres sur lesquelles il était connu.

On savait encore que les principaux filons de Vialas et Villefort se trouvent placés à la jonction du granite et du micaschiste, que d'ailleurs leur allure était très-irrégulière et le minérai très-disséminé. Duhamel indique aussi le filon de Huelgoët en Bretagne comme adossé au granite. Dolomieu décrit le gîte de Romanèche comme ne constituant ni une couche ni un filon, mais une sorte d'amas en forme de bande, qui repose immédiatement sur le granite, sur la surface irrégulière duquel il a dû se modeler en s'y étendant.

Enfin, M. Baillet a fait connaître dans le Journal des Mines, n.º XIX, le filon de fer de Laferrière, près de Domfront en Normandie, qui, d'après sa description, est couché sur le flanc d'une cornéenne et se trouve recouvert par une roche schisteuse. Ce qu'il offre encore de remarquable, c'est qu'il renferme

dans sa puissance d'environ 8 à 10 pieds, trois
zones contiguës, mais nettement distinguées
par leur couleur, la plus voisine du mur étant
rouge, celle du milieu brune, et celle qui
touche au toit, noire : circonstances qu'il
serait important d'examiner de nouveau pour
déterminer au juste quels sont les divers
états du fer dans chacune de ces bandes.

Plus récemment, en 1822, M. Élie de Beaumont nous a donné une description des mines
de Framont, dans laquelle il a été conduit
à des remarques importantes, sur lesquelles
nous reviendrons plus tard ; mais le fait spécial
de la connexion des filons avec les roches non
stratifiées de la localité ne pouvait pas encore
fixer son attention ; car alors la distinction de
ces roches n'était pas encore faite en France ;
celle-ci n'ayant été formulée nettement qu'en
1828 par M. Voltz, dans son Aperçu de topo-
graphie minéralogique de l'Alsace.

A peu près à l'époque à laquelle M. Élie
de Beaumont faisait ses premières observations, nous eûmes occasion de notre côté
d'observer aux environs de Colmar et de Sé-
lestat, entre le granite porphyroïde et les
oolithes jurassiques, un filon métallifère qui
s'étend depuis Orschwiller jusque vers Ri-
beauvillé, sur la lisière orientale des Vosges ;
mais le mémoire dans lequel ce fait a été
consigné, qui renfermait encore entre autres
divers faits non connus sur l'existence d'un

groupe de molasse tertiaire et de nagelflue dans ces mêmes environs, n'a pas été publié.

M. Voltz a généralisé nos observations en démontrant dans son ouvrage cité précédemment, que ce filon était identique avec celui de Badenweiler, situé de l'autre côté du Rhin, tant sous le rapport de sa position, que sous celui de sa composition. En effet, l'un et l'autre se trouvent à la limite du granite, et renferment de la chaux fluatée cubique, de la baryte sulfatée, de la chaux carbonatée, de la galène, etc., contenus dans un quartz néopètre caverneux.

M. Voltz nous a encore communiqué depuis à ce sujet de nouvelles observations du plus haut intérêt. Il envisage ce filon comme étant un des bancs du muschelkalk qui aurait été silicifié. En effet, on y trouve une variété de silex qui renferme des entroques et des *encrinites liliiformis,* qui ont éprouvé la même action chimique : modification semblable à celle que nous avons déjà mentionnée plusieurs fois, et nous ajouterons, comme venant à l'appui des actions chimiques qui se manifestèrent de ce côté, l'association du filon avec les marnes irisées du keuper, qui le recouvrent immédiatement sur une certaine hauteur, ainsi qu'on peut le voir dans les dénudations qui se trouvent derrière Oberbergheim.

En 1823, M. de Bonnard fit faire un nou-

veau pas marquant à la question, en signalant
dans une notice spéciale, une nouvelle formation métallifère, qu'il venait d'observer dans
l'ouest de la France.

Elle se compose principalement de galène
argentifère, de blende et de pyrites ferrugineuses, quelquefois de plomb carbonaté et
de calamine, accompagnés de spath pesant
ou de spath fluor, de quartz et de calcaire,
et elle se présente, soit disséminée en amas et
en veinules dans des couches calcaires ou siliceuses, immédiatement superposées au sol
granitique dans toute cette contrée, soit en
rognons épars dans un terrain argileux, qui
paraît aussi recouvrir à peu près immédiatement le terrain granitique, et elle pénètre
enfin en filons dans le granite même. Ces faits
sont très-développés à Confolens, près de Li-
moges, à Nontron, à Melle; mais il les considéra
principalement sous le rapport de leur liaison
avec le phénomène des arkoses; cependant
on peut les envisager aussi comme un accident particulier des filons, auxquels ils se
lient d'ailleurs par les rameaux qu'ils jettent
verticalement dans le sol.

MM. Élie de Beaumont et Dufrénoy observèrent ensuite en Angleterre, que l'intérieur
des masses de granite et de killas renferme
peu de minérais, mais qu'ils sont principalement distribués sur la limite de ces deux roches, et surtout dans les parties qui, par leur

modification, annoncent le voisinage de masses d'autre nature.

Les minérais s'y trouvent ainsi en veinules, en amas, en couches subordonnées peu étendues, en petits filons et même en véritables filons. Ces dépôts sont surtout remplis par des quartz, des tourmalines, du wolfram, de l'étain oxidé, des topazes, de la chaux phosphatée, du feldspath, du mica, de la chlorite, de l'actinote, du grenat, de l'axinite, de l'asbeste et d'autres substances qui sont généralement rares dans les autres parties de ces terrains; mais qui se retrouvent pour la plupart dans les filons ordinaires du reste de la contrée.

Depuis, nos connaissances, sous ce rapport, ont été augmentées par une nouvelle description soignée des gîtes de manganèse de la Romanèche, que nous devons encore à M. de Bonnard, et par un travail non moins remarquable de M. Dufrénoy sur le gisement des mines de fer de Rancié et des Pyrénées.

De plus, M. Élie de Beaumont, dans sa Description des montagnes de l'Oisans, cite encore la circonstance essentielle qui s'observe dans les environs de Champoléon. L'intervalle entre les roches secondaires et granitiques y est toujours métallifère, quelle que soit d'ailleurs l'inclinaison des surfaces de contact, et elles renferment en nids et en petits filons, de la galène, de la blende, des pyrites de fer et de cuivre, de la baryte sulfatée, de

la chaux carbonatée ferro-manganésifère, etc.
« D'après la manière, dit-il, dont ces substances sont disposées, il paraît qu'elles se sont
insinuées dans une solution de continuité qui
aurait existé entre le granite et les roches stra-
tiformes, et sont venues en souder ensemble
les deux parois, ainsi que celles de toutes les
fentes qui y aboutissaient. »

Enfin, nous avons déjà insisté dans les cha-
pitres précédents sur les relations de contact
qui existent entre les roches porphyriques,
basaltiques, et les filons argentifères de Joachimsthal en Bohème, et le passage des vrais
filons-fentes de Pontgibaud à des filons de
contact dans l'intervalle entre Roure et Say,
et au Jour-de l'an, près de Pranal.

Un pareil ensemble de faits nous fit donc
persévérer dans nos recherches, et nous fûmes
assez heureux pour découvrir que la question
avait déjà été débattue anciennement par
Délius, qui, dans une dissertation sur la nature des filons, était arrivé à établir comme
une règle générale, que les filons se trouvaient
entre les roches granitiques et calcaires; il
s'appuyait principalement sur les dépôts qu'il
avait observés en Hongrie et en Transylvanie,
et de Born confirma ses observations.

Il est fortement à regretter que les géologues
aient perdu de vue cette indication précieuse
et importante, en ce qu'elle les conduisait
immédiatement à reconnaître à quel point le

phénomène de la production des filons était dé-
pendant de celui de l'injection des roches non
stratifiées; rapprochement auquel nous voilà
tout récemment revenus après d'immenses
détours et après avoir épuisé, pour ainsi dire,
la somme de toutes les observations possibles.

On ne peut même se rendre compte de
l'oubli dans lequel sont tombés les gîtes en
question, qu'en considérant les anomalies qu'ils
présentent ordinairement. Comme ils ca-
draient mal avec les lois générales que présentent les filons-fentes ordinaires, on trouva
plus simple de n'en pas parler, plutôt que de
jeter une prétendue confusion dans les idées de
symétrie et de régularité que ceux-ci ne manquent pas de réveiller dans l'esprit d'après les
descriptions ordinaires; mais comme ces considérations sont d'un bien mince intérêt pour
la vraie philosophie de la science, qui ne doit
pas prendre pour guide les prétendues règles
de nos grands-maîtres, mais se baser sur
l'appréciation exacte des faits, laquelle seule
conduit immanquablement, et tôt ou tard, à la
connaissance de la vérité, et que d'un autre
côté elles peuvent induire les exploitants dans
de fausses dépenses, s'ils calculent sur l'allure
des gîtes, sans égard à leur structure et à leurs
rapports de position, nous croyons rendre
quelque service en entrant dans tous les
détails de la question.

Reprenons donc les faits essentiels un à un,

en commençant par les observations les plus anciennes de Délius.

Suivant ce célèbre mineur, ces filons de contact se trouvent particulièrement dans les Bannats de Saska et de Moldava, et parmi les divers exemples qu'il cite à ce sujet, nous appuyerons principalement sur le suivant :

« La montagne dont il s'agit, dit-il, est très-épaisse, large, haute, et d'une grande circonférence; elle a des petits vallons peu profonds; sa masse entière est d'une pierre calcaire pure; mais dans les petits vallons du sommet il y a une autre espèce de roc par-dessus le calcaire; elle est en partie ardoisâtre et en partie sablonneuse. (On sait que sous ces dernières désignations les anciens entendaient parler des granites et des gneiss, qu'ils confondaient alors avec les grès, comme on peut encore le voir dans les écrits bien plus récents de Jars et Duhamel.)

« Entre cette espèce de roc et le calcaire il existe des veines et des filons des deux côtés, qui suivent la même obliquité et la même pente que les vallons avec lesquels ils forment un angle obtus dans leur fond, où ils finissent entièrement. On se figure très-bien que leur profondeur n'est pas considérable et qu'elle ne passe pas trente à quarante toises. On ne peut pas dire que ces *veines singulières* soient des couches, puisqu'elles n'ont pas les propriétés que nous décrirons par la suite. Ce-

pendant, comme elles ont une direction et
une pente réglées, on ne peut se dispenser de
les nommer *veines*. La figure *Z*, qui représente
la coupe de cette montagne, les vallons et les
veines, éclaircit ce fait: *A* désigne la grande
masse de pierre calcaire; *B* la seconde espèce
de roc; *C* les veines qui se trouvent entre ces
deux espèces de roc, qui suivent leur direction et qui se coupent en arrivant sur la pierre
calcaire. On se tromperait beaucoup, si l'on
voulait chercher ces veines dans les profondeurs par une galerie d'écoulement; car on
passerait par-dessous dans la pierre calcaire.

« Qui doutera, ajoute-t-il, que cette grande
masse de pierre calcaire ne soit pas une bosse
de l'ancien continent, sur lequel s'est déposé
dans le temps du bouleversement de notre
globe, une autre espèce de terre, qui, en se
desséchant par la suite, s'est rétrécie, et fit
des crevasses qui formèrent ces veines?»

Quel que soit le mérite de cette dernière
hypothèse, que nous ne voulons pas discuter,
il n'en est pas moins vrai que l'essentiel
du fait a été apprécié par lui avec une pers-
picacité vraiment remarquable, et l'on y voit
déjà une première donnée que toutes les observations subséquentes ne feront que développer et fortifier.

Le dépôt de manganèse de Romanèche
(fig. *M*), qui a été décrit avec tant d'exactitude
par M. de Bonnard, va nous fournir un second

exemple d'une circonstance semblable. Suivant cet excellent observateur, il est appuyé en majeure partie sur un granite, mais non pas immédiatement. Le mur réel du gîte est une roche porphyroïde, dont la structure semble être tantôt demi-cristalline, tantôt arénacée, renfermant des grains de quartz en cristaux et même des noyaux de granite, disséminés dans une pâte rose, ordinairement formée d'une sorte d'argilolite ; mais le grain de cette pâte devenant souvent plus fin et plus serré, elle paraît alors passer au feldspath et ressemble quelquefois à certains silicates de manganèse.

Le toit du gîte est une argile fort peu marneuse, ordinairement d'un vert blanchâtre très-clair, quelquefois rougeâtre, mêlée à des débris de la roche du mur, et dans laquelle le manganèse constitue encore de petites veinules ou des rognons irrégulièrement disséminés. Cette argile a une épaisseur considérable, et l'on ne connaît pas ses limites du côté de la vallée. Au-delà se trouvent en général les marnes et calcaires à gryphées, qui relèvent leur tranche escarpée vers l'ouest, en regard des masses granitiques. Ainsi donc, ce gîte est réellement compris entre les formations stratifiées et celles cristallines.

Mais indépendamment de cette première masse, connue sur une étendue d'environ 400 mètres, avec une puissance de 12 à 20 mètres,

il en existe une seconde, située latéralement,
se poursuivant plus au loin vers le sud, et
dont la disposition est toute différente; car
elle forme un filon bien caractérisé de 2 mètres
d'épaisseur, encaissé presque verticalement
dans la roche granitique elle-même. Vers son
approche, celle-ci possède bien ses caractères
particuliers; mais elle est un peu désagrégée,
et immédiatement au contact elle s'altère peu
à peu, en perdant ses caractères de roche cristalline et en prenant ceux de la roche qui
forme le mur de la première masse, que M.
de Bonnard considère comme une véritable
arkose. La direction de ces deux gîtes ne diffère
que de peu de degrés. La masse granitique
ou granitoïde interposée entre eux, est traversée par une multitude de filets de manganèse, et à leur croisement il se présente un
grand renflement. Un peu au-delà on a re-
cherché inutilement jusqu'ici les masses dans
la même direction. Quelques indices font
penser qu'elles se perdent en se ramifiant dans
le granite.

Le minérai des deux gîtes est du reste identique; il se compose essentiellement de manganèse peroxidé barytique, ordinairement
métalloïde, à structure concrétionnée, présentant souvent dans les cavités de nombreux
mamelons tuberculeux, en forme de choux-
fleurs et à surface veloutée, ou bien recouverte d'une infinité de petites houppes soyeu-

ses, disposées comme les barbes d'une plume.
Les gangues sont la chaux fluatée violette, et
le quartz, dont le mélange avec le minérai est
quelquefois assez intime pour qu'on ne puisse
pas douter de la contemporanéité de leur formation; enfin, on y trouve de nombreux fragments granitoïdes ou de l'arkose du mur, plus
ou moins chargés d'infiltrations métalliques, et
dont le feldspath a passé à l'état de kaolin.
L'abondance de ces fragments est telle que
le tout constitue fréquemment une véritable
brèche à pâte de minérai de manganèse; circonstance que l'on voit se reproduire dans
presque tous les filons.

D'après l'ensemble de ces observations, M.
de Bonnard conclut que l'une de ces masses
constitue un véritable filon courant dans le
granite, et que l'autre, bien plus puissante,
forme un véritable amas; qu'elles sont toutes
deux contemporaines aux arkoses; roches
que l'on peut considérer elles-mêmes comme
un résultat de modification toute chimique,
amenée par des causes semblables à celles qui
ont déposé au jour les masses de minérai;
enfin, il observe combien les faits peuvent
paraître favorables à l'opinion qui attribuerait
la formation totale à un épanchement sortant
par la fente que le filon remplit aujourd'hui;
mode de formation qui a par conséquent
une origine analogue à celle de la masse même
du terrain granitique voisin.

Poursuivant le cours des analogies, M. de Bonnard rapporte au même mode de formation le gîte de Saint-Micaud, situé à quelques lieues de la Romanèche, et qui, d'après M. Cordier, occupe une position identique, ainsi que celui du département de la Dordogne, près de Thiviers. M. Dufrénoy a vérifié depuis toute l'exactitude de cette induction, et il a même réuni à ce mode de formation plusieurs gîtes de minérais de fer du département de la Dordogne; tels que ceux d'Excideuil et les gîtes de plomb d'Alloue, de Melle et de Confolens, dont nous avons déjà cité la superposition au granite. Les gangues de ceux-ci présentent encore quelquefois, comme le filon quartzeux des environs de Colmar, les coquillages fossiles; tels que les térébratules, les fragments de peignes, de limes, d'avicules et d'oursins, qui trahissent la modification que le calcaire jurassique a éprouvée par les infiltrations siliceuses et métalliques; tandis que d'un autre côté de nombreux rameaux qui s'en détachent pour plonger dans la profondeur du granite en forme de véritables filons, sur lesquels on a établi des exploitations, nous conduisent directement à la source primitive de tous ces phénomènes chimiques.

Ces géologues ont aussi toujours été portés à réunir les gîtes de Chessy (fig. *L*) au même ordre de faits. En effet, d'après une description récente que nous devons à M. Raby, les travaux de cette mine ont été pratiqués à la jonction des terrains secondaires de grès et de calcaire, et du terrain ancien, en partie dans les premiers et en partie dans le second.

L'ensemble du dépôt se compose principalement auprès des mines d'un schiste micacé et talqueux, accompagné de phyllade et d'une aphanite verdâtre, dure, tenace et à cassure inégale. Cette aphanite paraît ordinairement intercalée entre les couches du terrain; mais auprès des mines de Chessy elle forme une masse considérable, dans laquelle il n'y a pas de stratification distincte; elle supporte le terrain secondaire; le plan de jonction est presque vertical, et toutes les couches du grès superposé viennent s'y appuyer par leurs extrémités; preuve d'une puissante dislocation. Cette inclinaison, qui était primitivement de près de 45°, diminue peu à peu en allant du mur au toit.

Entre l'aphanite et le grès il règne sur une épaisseur moyenne d'environ 20 mètres, une roche d'un blanc grisâtre, feuilletée, mais si irrégulièrement qu'on a droit de douter qu'elle ait jamais été stratifiée. Sa pâte paraît assez semblable à celle de l'aphanite; elle se modifie de plus en plus à mesure qu'on se rapproche du grès, où elle ressemble à de l'argile, tandis que de l'autre côté elle présente quelques passages à l'aphanite; elle est, du reste, chargée de lamelles micacées, et tous ses caractères semblent dénoter qu'elle a éprouvé une altération progressive de l'extérieur à l'intérieur.

Après cette roche se trouve encore une veine presque verticale, de l'épaisseur de 2 à 4 mètres, composée d'argile rougeâtre, mêlée de fragments anguleux de quartz et d'aphanite, qui paraît se terminer en coin dans la profondeur. M. Raby la considère comme postérieure à ce dernier terrain et à celui secondaire, et, suivant lui, elle n'a fait que remplir une fente ouverte par suite d'un affaissement.

Enfin, près des affleurements du grès et surtout des premières couches calcaires, il existe des dépôts irréguliers, peu étendus et noduleux, d'une argile rougeâtre, mêlée de gros cailloux roulés.

Le minérai s'est trouvé dans chacune de ces roches; mais les espèces en sont distribuées de la manière suivante :

Le cuivre pyriteux et le fer sulfuré intact ne se sont trouvés que dans l'aphanite. Ils y sont disposés en une masse cunéiforme, qui s'est terminée en pointe à une profondeur de 200 mètres, sur une puissance de 15 mètres au plus, et une longueur de 120 mètres.

Le mélange du minérai avec l'aphanite, possédant les caractères ordinaires, a lieu, soit en veinules, soit en forme de mouches; ce

14

qui prouve la contemporanéité de formation.

La mine noire, qui n'est qu'une pyrite sulfureuse altérée à la surface, s'est trouvée dans la roche schisteuse grisâtre, sous forme de rognons, situés principalement près de la surface. Ces rognons ont au plus 3 mètres d'épaisseur, 5 de largeur et 12 de longueur. La mine est aussi unie très-intimement au banc qui la renferme, et paraît avoir subi de son côté une altération graduelle, correspondante à celle de la roche encaissante. L'altération paraît aussi plus intense vers la superficie, où les agents atmosphériques ont davantage fait sentir leur influence.

Le cuivre oxidulé est renfermé dans la couche d'argile rougeâtre; il y est disséminé en petits cristaux et en lamelles brillantes, interposées entre les fissures, qui croisent la masse en tous sens.

Enfin, la mine bleue ne se trouve que dans les couches de grès et les bancs d'argile qui alternent avec elles, sur une épaisseur d'environ 20 mètres, et une longueur de 150.

Il est impossible de ne pas voir dans cette gradation une modification successive des minérais, introduits d'abord en divers points du terrain, par la même cause que l'aphanite : ils étaient dans le principe à l'état pyriteux; ils passèrent graduellement à l'état d'irisation superficielle; puis se convertirent en oxidule, et, enfin, en carbonate de peroxide, à mesure que

les agents chimiques avaient plus de prise sur
eux par suite de la perméabilité du terrain. Ces
actions produisirent naturellement en même
temps des transports moléculaires, qui amenèrent la cristallisation de ces boules arrondies de carbonate de cuivre, ainsi que les
belles cristallisations que recèle leur intérieur,
peut-être encore, comme le suppose M. Raby,
que l'action du calcaire a contribué à provo-
quer la formation des carbonates dans les
grès voisins par des échanges de bases, etc.

Dans les Pyrénées orientales on trouve de
nombreux dépôts de minérais de fer spathiques, remarquables par leur indépendance
absolue des terrains qui les renferment. M.
Dufrénoy, qui les a étudiés avec le plus grand
soin, ne leur a trouvé de relation qu'avec les
roches granitoïdes.

C'est ainsi que les mines des environs d'O-
lette, de Py, de Fillols, de Saint-Étienne de
Pomers, de Vallestavia et de Batère, forment
autour des escarpements abruptes qui constituent la crête granitique du Canigou, une
espèce de ceinture elliptique, d'environ 8000
toises de diamètre. Ordinairement ils sont intercalés ici dans un calcaire qui est toujours
saccharoïde, et ils se présentent sous forme
de filons, d'amas et de veines parallèles à la
stratification du calcaire. Souvent le calcaire
est ferrugineux, à tel point que le minérai
paraît se fondre en partie dans cette roche.

Ces gîtes se prolongent aussi quelquefois dans le granite, mais peu profondément.

Sur le revers sud de la montagne de Batère, dépendante du Canigou, le granite est recouvert généralement par une couche mince de calcaire saccharoïde blanc, alternant avec le schiste micacé. Ces deux roches s'intercalent même quelquefois entre les embranchements granitiques et renferment des masses de minérais qui constituent différentes mines, parmi lesquelles celles de la Droguère et de Rocas-Negros ont présenté des circonstances remarquables.

Dans la première (fig. N) le minérai constitue deux amas aplatis, compris entre du schiste et du calcaire, dont le plus inférieur, bien réglé sur une assez grande étendue, avait été long-temps regardé comme formant une couche dans le schiste et le calcaire; mais il se termine brusquement d'un côté, et de l'autre il s'amincit de manière à n'être plus exploitable.

La mine de Rocas-Negros (fig. O), actuellement abandonnée, présente une vaste excavation, qui indique que le minérai y formait un amas ramifié dans le granite, dont il est séparé par une salbande schisteuse, imprégnée d'oxide de fer disposé en veinules plus ou moins puissantes; il part en outre de l'amas métallifère un grand nombre de filons de fer oligiste, qui se prolongent dans le granite. La gangue se compose de fragments de schiste, de granite et de quartz hyalin, empâtés par le minérai à l'époque de sa formation.

Sur le revers opposé de la montagne le minérai forme aussi de grands amas, disposés dans le sens de la stratification; il est à l'état spathique et d'hématite. Ces amas sont intercalés en partie dans le calcaire saccharoïde et en partie dans le schiste micacé.

A la mine de Balaigt, au contraire, le minérai est placé à la séparation du granite et du calcaire.

Aux environs de Saint-Martin, près de Saint-Paul de Fénouillet, le calcaire crayeux éprouve un redressement brusque auprès des masses granitiques, et les mines de fer sont encore précisément au contact même du calcaire et d'une pointe de granite. Le calcaire y devient de plus en plus cristallin et saccharoïde, et perd, par suite de cette transformation, les traces de fossiles qu'il contenait en abondance un peu auparavant; il devient même dolomitique aux points où il recouvre immédiatement une roche feldspathique, et se charge de nombreuses veinules de fer carbonaté et de quelques taches de fer oligiste. Au-delà de la roche feldspathique, la dolomie ferrifère reparaît et s'arrête à une masse granitique, pareillement chargée de fer; à celle-ci succède un nouveau banc de dolomie, riche en fer oligisté, écailleux, disséminé en rognons, et, enfin, on arrive au granite central, qui est à petits grains et à mica noir.

Ce gisement intéressant fournit un exemple positif du peu d'ancienneté du granite des Pyrénées, et démontre clairement qu'il s'est introduit au milieu des couches du calcaire.

A Rancié, le minérai est concentré dans le lias; celui-ci devient aussi d'autant plus cristallin qu'il se rapproche davantage du granite, et même près de cette roche il se charge de couséranite, de pyrite, de trémolithe et de grenat.

Les parties métallifères s'y trouvent particulièrement dans le voisinage des granites, au milieu de la série des couches qui constituent l'ensemble de cette formation; et elles sont disposées en une série de renflements ou d'amas, placés les uns au-dessus des autres et liés ensemble par des filets de minérai, qui ont constamment guidé les mineurs dans leurs recherches; ils sont terminés nettement par des murs de calcaire.

La disposition parallèle aux couches que ces amas présentent, trompe au premier coup d'œil, et les fait considérer comme stratifiés; mais ils interceptent plusieurs couches du terrain, qui ne s'infléchissent pas à leur rencontre, *en sorte qu'il devient évident que le minérai en remplace sur une certaine longueur un nombre plus ou moins considérable.*

Ce remplacement n'est au reste pas total,

en sorte que le calcaire, qui est resté intact, forme de nombreux rameaux alongés dans le sens des couches. Leur régularité est quelquefois remarquable, et ils séparent plus ou moins complètement les masses minérales. Chaque amas est donc formé par la réunion d'une multitude de veines, qui courent à peu près parallèlement, se rejoignent et se séparent sans cesse.

La séparation du calcaire et du minérai de fer est quelquefois assez nette et même lisse, comme si la roche avait été usée par un frottement réitéré ; mais plus généralement il y a un passage insensible comme de cémentation.

L'étendue de la masse métallifère est limitée dans le sens de la longueur ou de la direction des couches, après une course commune d'environ mille mètres. Quant à sa hauteur, elle est connue depuis le sommet de la montagne jusqu'à la base ; mais tout semble prouver qu'elle ne descend pas au delà.

Il résulte de l'ensemble de ces détails que le gîte ne forme pas une couche, mais bien des masses irrégulières, analogues à celles dont nous avons déjà donné tant d'exemples, et qui présentent une analogie remarquable avec les gîtes de fer pisolithique des environs de Belfort, décrits précédemment.

Le minérai est principalement du fer hy-

draté hématite, entremêlé de quelques rognons de fer spathique et de fer oligiste micacé; enfin, on y a trouvé du manganèse,
du cuivre pyriteux et carbonaté. Ces minérais se montrent, au reste, en association constante dans ces montagnes, et M. Marrot observe à ce sujet que toutes les fois que des
couches schisteuses sont interrompues par du
granite, elles renferment des filons contenant de la galène argentifère, de la pyrite
magnétique, du cuivre pyriteux. Le minérai
de cuivre de Canaveilles, près de Prades, se
trouve aussi précisément à la séparation du
calcaire et du granite.

Tous ces rapprochements conduisent M.
Dufrénoy à l'importante conclusion que ces
minérais ont été formés à l'époque où le granite des Pyrénées s'est fait jour après le dépôt des terrains crétacés, et qu'ils sont la conséquence du soulèvement de cette chaîne.

A Framont, les gîtes de fer oxidé rouge présentent aussi la plus grande irrégularité dans
leur ensemble. D'après les détails que M.
Voltz nous a bien voulu donner à leur égard,
ils se trouvent placés le long de grandes masses
de porphyre, qui sont venues briser les schistes
ou les phyllades de transition; ils les ont en
même temps endurcis par leur contact, en
les faisant passer à l'état d'eurite schistoïde.
Les couches des calcaires subordonnés ont
naturellement éprouvé des modifications dans

un sens correspondant; ils sont compactes
au loin du porphyre; mais auprès de celui-ci
ils sont devenus grenus ou même dolomitiques
et géodiques. En quelques points ils se sont
pénétrés de fer oligiste schisteux et d'octaèdres de fer oxidé rouge dimorphe du fer oligiste; en un autre point leur corrosion a été
telle qu'il s'est formé une grande caverne, qui
a été remplie de fer hydraté; enfin, dans certains gîtes on a trouvé de gros fragments
calcaires, dont les angles émoussés et arron-
dis démontrent l'action d'un acide d'une
manière d'autant plus évidente que les parties
schisteuses incluses sont en relief sur la surface lisse des blocs.

Cette action énergique que les fluides qui
chariaient le minérai ont exercée sur le calcaire, ne laissent pas de doute qu'ils occa-
sionèrent un élargissement des premiers ori-
fices, dont la conséquence fut de faire acquérir aux gîtes une certaine puissance partout où ils se trouvaient dans cette dernière
roche.

Dans les environs on trouve plusieurs autres
gîtes de dolomie; mais ils renferment toujours
des parties de fer oligiste, quand même ils ne
sont pas en contact avec les masses de minérai
de fer; ils montrent toujours des preuves
évidentes de leur conversion de calcaire ordinaire en dolomie, par l'effet des causes qui
ont produit les mines de fer de Framont; c'est

ainsi qu'à Schirmeck, dans une grande carrière de calcaire compacte, en strates verticaux, la stratification se perd presque subitement vers le haut; mais on y voit sur une épaisseur de 3 à 4 pouces le passage évident du minérai à la dolomie, en ce qu'il se forme, au milieu du calcaire compacte, des lamelles dolomitiques, qui deviennent de plus en plus abondantes. D'abord elles sont isolées; puis se touchent, et enfin elles forment toute la masse.

Du reste, les gîtes de mine de fer de ces lieux sont de quatre espèces différentes.

1.° Matières géodiques formées par le fer oligiste, avec une gangue dominante de terre verte, passant à la coccolithe. Cette gangue est entremêlée de quartz, de divers spaths calcaires, purs et magnésiens, de spaths brunissant, de spath perlé, de baryte sulfatée et de quelques parties de pyrite, de cuivre sulfuré, et de cuivre gris.

2.° Matières fondues : telles que pyroxènes, grenats, épidotes, spath calcaire, actinote, chlorite et fer oxidulé en petite quantité.

3.° Hydroxide de fer massif, compacte ou hématite, avec des gangues terreuses et hydratées, dites *brand,* qui sont des effets de décomposition et de remaniement postérieurs, et dans lesquels on trouve divers hydrosilicates d'alumine, et parfois de l'allophane cuivreuse. Ces gîtes renferment aussi des grenats altérés et autres substances spongieuses, primitivement cristallines.

4.° Alluvion renfermant en quelques points des lamelles de fer micacé ou des octaèdres et paillettes schisteuses de fer oxidé. Cette alluvion est d'une composition extrêmement inégale ; tantôt c'est une argile sableuse, en dépôts irréguliers; d'autres fois c'est une argile brune, bigarrée de raies blanches et bleues, comme les savons colorés. On y trouve des fragments et même des blocs de grès vosgien ou des cailloux quartzeux de ce grès.

A la localité dite *mine noire,* qui se rapporte à l'un des gîtes de cette espèce, les schistes, en contact avec le dépôt, sont tendres et sans solidité. Les porphyres sont souvent stéatiteux et devenus friables; les calcaires, au contraire, sont caverneux, grenus ou dolomitiques et pénétrés de minérai de fer; celui-ci n'est que le détritus ferrugineux de ces calcaires cimentés de fer, et il ne se trouve qu'auprès de ces calcaires et non pas dans l'intérieur du gîte alluvial. Du moins, lorsque l'intérieur renferme du minérai, ce qui est fort rare, ce ne sont plus des octaèdres et fragments schistoïdes de fer oligiste, mais des paillettes micacées de cette substance.

Les masses des gîtes n.ºs 3 et 4 passent les unes aux autres et constituent parfois des dépôts, qui remplissent d'anciennes cheminées plutoniques ou espèces de cratères, par lesquels sortaient des vapeurs ferreuses et magnésiennes, qui ont cimenté les roches ambiantes lorsqu'elles n'étaient pas encore remplies d'alluvion.

Les mines de Banwald, de la Minkette, de Belmont, de Grand-Fontaine, de Metzier, de l'Évêché et du Bois-de-Vich, rentreraient principalement dans la première classe.

La *Mine jaune* dans laquelle se trouve le dépôt d'hydrate, forme un gîte spécial dans le voisinage de la mine de Metzier; mais elle se retrouve plus ou moins abondamment dans quelques-unes des précédentes.

« En résumé, dit M. Élie de Beaumont dans son mémoire, les mines de fer oxidé rouge et d'hématite brune de Framont sont ouvertes dans des masses très-puissantes de ces minéraux, dont chacune, prise dans son ensemble, a la forme d'une très-grosse plaque, placée obliquement dans le terrain et, considérée dans les détails, paraît informe et semble n'être soumise dans sa structure à aucune règle. Ce désordre apparent paraît être une conséquence de la nature du terrain. Il ne doit pas empêcher d'avoir égard aux caractères plus ou moins décisifs que présentent d'ailleurs ces masses minérales; elles ne sont pas placées parallèlement les unes aux autres, et aucune d'elles ne paraît l'être aux faibles indices de stratification que présente le terrain. Ce ne sont donc ni des couches ni des veines; ce ne sont pas non plus des amas contemporains. Les blocs de roches qu'on y trouve et les salbandes qui les accompagnent, ne permettent pas d'en prendre cette idée. Il ne paraît pas non plus que ce soient des systèmes de petits filons, des stockwerks, comme on pourrait le croire d'après la quantité de roches qu'on trouve interposées dans le minérai; il y a des parties trop étendues sans roche; enfin, ils sont liés trop intimement avec les dépôts de chaux carbonatée nacrée, pour qu'on ne leur suppose pas une origine analogue à la leur, etc. "

Si nous rapprochons aux corrélations que nous venons de mentionner, celles non moins remarquables que M. Dufrénoy a observées dans les Pyrénées, entre les ophites, les gypses et le sel gemme; celles que M. Tournal a observées entre les basaltes péridoteux et les dépôts gypseux de Sainte-Eugénie, dans le département de l'Aude, et qui toutes deux sont encore accompagnées de petites quantités de fer oligiste, de quartz cristallisé, etc., nous ne ferons plus de difficulté pour admettre que tous les phénomènes de dolomisation, de silification, de sulfatisation postérieure; que l'introduction du sel gemme entre les strates soulevés des terrains; que les remplissages des fentes et ouvertures, quelle que soit d'ailleurs leur forme, par des métaux divers, ne soient le résultat de grandes actions plutoniques. Leur début a été de briser l'écorce du globe à l'aide d'injections de matières fondues, suivies ou accompagnées de dégagements de gaz et de vapeurs, et leur action s'est terminée par cette abondante éruption des sources minérales que nous retrouvons encore de toutes parts dans les régions profondément disloquées. Tous ces phénomènes chimiques sont du même ordre; c'est en les combinant que nous devons chercher la solution des problèmes nombreux que nous offrent les filons, qui tantôt présentent des traces évidentes de l'action du feu et tantôt de celle de l'eau, et c'est faute d'avoir eu égard à ces circonstances diverses, dont la cause primitive est cependant identique, que les géologues, malheureusement trop absolus dans leur manière de voir respective, se sont divisés si long-temps sur des questions bien simples à résoudre, s'ils eussent su faire les parts du feu et de l'eau, et se tenir d'ailleurs dans la réserve pour le petit nombre de problèmes douteux encore pour le moment, que les progrès des sciences chimiques éclairciront bientôt.

Il importe ici de prévenir une erreur qui pourrait résulter du mot même de *filon de contact,* que nous avons employé pour désigner les gîtes les plus immédiatement en relation avec les roches non stratifiées. Quelqu'un qui ne se serait pas bien pénétré des observations qui ont accompagné nos descriptions, pourrait supposer des actions de simple contact, de ces actions de pile galvanique qui, effectivement, jouent un rôle fréquent dans la nature. D'un autre côté, on pourrait aussi chercher à établir des rapprochements analogues entre ces formations de filons et les modifications de roches, telles que le changement de la craie en calcaire saccharoïde près de ses points de contact avec les masses de basalte qui la traversent, comme cela a lieu par exemple dans le comté d'Antrim en Irlande. Ces phénomènes et quelques autres non moins célèbres, se présentent toujours à l'esprit lorsque l'on entend parler pour la première fois des actions du genre de celles qui nous occupent. Nous devons donc déclarer que nous les regardons au contraire comme identiques aux circonstances qui ont accompagné la dolomisation en général dans les idées de M. de Buch, et sur lesquelles M. Élie de Beaumont a déjà été dans le cas de donner une explication qui trouve si exactement son application ici, que nous ne pouvons mieux faire que de la rapporter.

« Les personnes, dit-il, qui ont cherché à connaître sur ces objets l'opinion de M. L. de Buch, savent qu'il regarde les dolomies comme produites par des gaz qui se sont dégagés du sein de la terre au moment de la sortie des mélaphyres, en profitant de toutes les frac-

tures que le sol venait d'éprouver; fractures
qui pouvaient leur donner issue, aussi bien
et souvent même mieux à quelque distance
des masses de mélaphyre sorties au jour, que
près de ces masses. S'il pouvait rester quelque
doute sur la pensée de M. L. de Buch, à cet
égard, il suffirait, pour les dissiper, d'examiner
la contrée de Lugano, en se rappelant qu'il
l'a présentée depuis long-temps comme un
des points les plus classiques pour l'étude de
ce genre de phénomènes. Il est rare qu'on les
voie en contact immédiat avec les mélaphyres.
Les calcaires se changent généralement en
dolomies, en approchant de leur terminaison
du côté des masses non stratifiées, dont les
colonnes irrégulières de mélaphyre forment
en quelque sorte les axes.

« Les dolomies touchent rarement à ces colonnes centrales qui, au moment de leur
élévation, ont rejeté de côté les roches primitives; elles se lient donc aux mélaphyres
par suite du rôle essentiel que jouent ces derniers dans la constitution des massifs de roches non stratifiées; mais non dans le plus
grand nombre de cas par un contact immédiat et visible. Au contraire, on peut dire
que les dolomies se trouvent toujours ici dans
le voisinage de la fracture qui a dû se former
entre les roches primitives soulevées et les
roches primitives de même nature restées à
leur ancienne place. »

Les circonstances sont absolument les mêmes pour les filons métallifères : les uns, en petit nombre, sont en contact immédiat avec les roches plutoniques; les autres se sont distribuées dans leur voisinage; ils sont généralement très-irréguliers, comme nous avons vu, tandis que les plus réguliers par leur allure sont en général ceux qui se trouvent plus particulièrement dans des parties du terrain qui n'ont pas été fortement disloquées, fracturées et morcelées par une influence trop directe : c'est ainsi que tous les filons se rattachent les uns aux autres dans la nature.

Les exemples que nous avons donnés des filons de contact jettent encore dans l'esprit des idées de troubles et d'anomalies qui n'ont pas toujours lieu. Il importe donc que nous donnions un exemple qui fasse voir clairement qu'ils peuvent aussi posséder tous les caractères que nous avons décrits quand nous avons parlé des filons ordinaires, et qu'ils présentent quelquefois les mêmes phénomènes de remplissage par périodes successives, dont chacune a fourni ses produits propres.

Le célèbre filon de Huelgoët, dans la Bretagne, est dans ce cas, d'après des documents qui nous ont été fournis par M. François, ingénieur des mines, et les échantillons tant du terrain encaissant que du filon que nous avons été à même d'examiner.

Il coupe perpendiculairement dans la di-

15

rection du nord au sud magnétique les différentes couches du terrain de transition qui
s'appuient contre un îlot granitique, situé
entre Huelgoët, La Feuillée et les montagnes
d'Arrée.

Ces couches de transition, qui se composent
successivement de schiste maclifère, de schiste
à laumonite très-friable, de schiste avec rognons de fer hydraté, de grès coquilliers à
spirifères, se rapportant aux terrains de
transition supérieurs des environs de Brest,
et enfin de schistes et grauwackes alternant
ensemble, sont encore coupées par divers autres filons de roches, parmi lesquels on distingue :

1.º Une roche euritique, qui se décompose
à l'air et donne une bonne pouzzolane.

2.º Une sorte de poudingue, composé des
grès de la montagne d'Arrée, de fragments de
grauwacke et d'eurite, réunis par une pâte
pétro-siliceuse.

3.º Une roche amygdaloïde verdâtre, que
le filon métallifère coupe dans le voisinage
d'un rejet de 28 mètres, dont la cause est encore douteuse. Il est stérile en ce point et rempli d'une roche blanchâtre, qui paraît être
euritique.

Ainsi donc le filon métallifère est, comme
on voit, en association avec plusieurs masses
étrangères, injectées dans le sol; mais il l'est
surtout avec le granite, sur lequel il est ap-

puyé en arc de cercle, en sorte qu'une de ses épontes est cette dernière roche, et l'autre le schiste. Il a été reconnu sur une étendue d'environ 700 mètres. Sa puissance très-variable n'est quelquefois que de quelques décimètres, et dans d'autres points elle atteint jusqu'à 25 mètres. Vers le nórd il s'appauvrit et se divise en trois branches, qui s'amincissent et finissent par se perdre dans les schistes noirs. Vers le sud il s'est aussi appauvri à l'approche du schiste argileux noir, friable, et s'y est même arrêté.

En examinant les matières dont il se compose, on y reconnaît un premier remblai, composé de fragments de schiste argileux, gris-noir très-foncé, tendre ou passant à un schiste qui ressemble au schiste à laumonite, lequel a été d'ailleurs lui-même très-fortement remanié; il est quelquefois infiltré intimement et endurci par un quartz blanc sale, non esquilleux, qui paraît être contemporain aux masses précédentes; car il y est intercalé en petits nœuds, en petites veinules, tantôt enveloppantes, tantôt enveloppées, et il endurcit même quelquefois le schiste noir en pénétrant dans toute sa masse; circonstances qui rendent impossible une distinction précise d'époque entre ces deux matières.

Après ce premier remblai, le filon a éprouvé une première dilatation, qui s'est fait sentir au toit comme au mur, mais plus sensiblement encore de ce dernier côté, où la veine qui a occupé le vide est très-puissante. Cette ouverture a donc constitué les salbandes du filon. Le remplissage correspondant a été effectué par un quartz néopètre, esquilleux, grenu, à cassure très-anguleuse et inégale; il se prolonge dans les parties stériles du filon et sert de guide au mineur.

Immédiatement après sont survenus les sulfures divers qui se composent surtout de galène rarement massive, toujours entourée de blende, dans laquelle elle se perd souvent en parties indiscernables à la loupe. Cette blende est compacte ou cristalline, et sa surface extérieure est recouverte de cristaux octaédriques. Comme contemporain de ces sulfures, on voit encore un quartz blanc laiteux, un peu gras et peu esquilleux. La masse de ces sulfures paraît avoir subi un retrait, ou bien l'ensemble du filon une faible dilatation, suivie d'une petite formation de quartz néopètre, d'un blanc sale et assez esquilleux, qui coupe en tous sens la pâte des sulfures, sans se prolonger dans les autres roches.

La quatrième et dernière action d'une certaine intensité que le filon ait éprouvée, est indiquée par une brèche composée de fragments du quartz néopètre et des sulfures précédents. Ces fragments ont conservé quelques-uns de leurs angles, mais ils sont émoussés comme les galets qu'on trouve sur le bord des rivières : on rencontre parmi eux des schistes, des quartz du filon et des débris granitiques; ils sont agglutinés tantôt par des pyrites de fer, qui d'ailleurs paraissent ici contemporaines de toutes les époques, comme à Pontgibaud; tantôt par un ciment siliceux blanc laiteux, qui est souvent cristallisé en beaux cristaux bipyramidés et qui doit être assez récent, puis-qu'il repose sur des surfaces de galène, por-tant des traces évidentes d'érosion, produites par les dissolutions salines qui traversent le filon encore de nos jours. Enfin on trouve dans ces brèches de nombreux cristaux de plomb phosphaté et carbonaté; elles sont très-perméables aux eaux, et c'est par une de ces colonnes qu'elles ont atteint les travaux inférieurs et nécessité l'emploi d'un serre-ment.

Ces brèches sont disposées au toit et au mur du filon, mais surtout au toit.

Ces diverses révolutions se rattachent évi-demment aux mouvements du sol observés en Bretagne; ils auront agi suivant des lignes plus ou moins obliques sur la direction du filon et ne se sont pas non plus fait sentir sur toute son étendue, mais seulement en divers points, d'ou résulte sa configuration en chapelet, composé alternativement de parties riches et stériles, de brèches, etc., mais disposées de telle manière que la princi-pale richesse du filon est vers son milieu.

Dans sa situation actuelle, le filon manifeste encore, comme tous les autres, de nombreuses actions chimiques, dont le résultat est
la modification des espèces anciennes et leur
transformation en nouveaux produits; il en
sera question quand nous traiterons des changements et des altérations qu'éprouvent les
filons en général.

Tels sont en résumé les faits essentiels que
nous avons pu recueillir sur l'espèce de filons
que nous nous sommes proposé d'examiner
dans cette section. On voit, en somme, que
l'irrégularité est leur caractère dominant; mais
ce premier coup d'œil doit nous encourager
à persévérer dans leur étude. Les lois qui les
régissent ne nous sont encore inconnues que
parce que nous débutons dans une carrière
nouvelle. Beaucoup de travaux restent sans
doute à faire à ce sujet; mais aussi cette pers-
pective n'a jamais rebuté les géologues; il
suffit que le chemin leur soit ouvert.

SECTION III.

Des filons-couches.

Le nom de *filons-couches* a été donné par
M. Desmarest à des masses minérales qui
ont un certain rapport avec la stratification
des roches. Cette dénomination expressive,

par rapport à celle des *filons-fentes,* mérite
d'être adoptée, d'autant plus qu'elle dé-
peint parfaitement la manière d'être de ces
masses, qu'on ne peut d'ailleurs confondre
avec les véritables couches métallifères bien
suivies, que l'on rencontre dans les formations
primitives et secondaires; car elles ne suivent
pas, comme celles-ci, constamment l'allure de
l'ensemble des assises encaissantes; c'est ainsi
que dans le vallon de la Mulda, à une lieue
de Freiberg, à l'embouchure du canal par où
s'écoulent les eaux de la mine d'*Alt-Isaac,* le
filon appelé Halzbruckner-Spath, après avoir
coupé les couches de gneiss, devient parallèle à la stratification de cette roche, puis la
coupe de nouveau en s'approfondissant.

Cet exemple nous démontre bien que leur
origine est identique à celle des filons, et que
la fente a simplement trouvé à se dilater avec
plus de facilité entre deux couches sur une
partie de son étendue seulement. En général,
on peut concevoir que ces sortes de filons se
produiront toutes les fois qu'un axe de dislocation sera parallèle à la stratification du terrain encaissant, sur une certaine étendue,
ou au moins ne fera avec elle qu'un fort petit
angle.

C'est à ces sortes de gîtes qu'il faut rapporter
l'amas transversal de M. de Bonnard ou le
Stehender stock de Werner (page 16), en le
considérant toutefois, non comme une masse

renflée et parallèle à la stratification, mais comme une séparation entre deux couches, effectuée après coup et augmentée par leur érosion, en sorte que celles-ci sont plus ou moins détruites, mais ne se courbent pas à l'entour de la masse métallique, en continuant leur allure.

Le Cornouailles, si riche en exemples de dépôts de toute forme, présente encore de nombreux exemples de celui-ci; ils y sont connus sous le nom de *floors*, et quand ils renferment de l'étain, sous celui de *tin-floors*, quoique les Anglais donnent aussi ce nom à de véritables stockwerks.

Il en existe un grand nombre dans la bande étroite de killas, qui, s'appuyant sur le granite et plongeant vers la mer, forme le rivage depuis le cap Cornwall jusqu'à Saint-Yves.

Dans la mine de *Grill's-Bunny*, près de Saint-Just, on voit un tin-floor, formé de la réunion de petites veines qui alternent avec un schiste amphibolique ocreux, sur une hauteur de 20 mètres. Ces veines plongent de 30° vers le nord, et elles ont été exploitées sur 80 mètres de leur pente et à peu près autant suivant leur direction.

Dans la mine de Bottalack il existe encore un de ces tin-floors de $1\frac{1}{2}$ pied d'épaisseur à la profondeur de 72 mètres au-dessous du niveau de la mer; il est situé entre le filon principal et une ramification de ce filon, sans

cependant se lier avec eux en aucune manière.

M. Brochant de Villiers, dans sa description
des mines du Derbyshire et de Cumberland,
décrit encore sous le nom de *flat-veins* ou de
strata-veins, des gîtes que nous considérons
comme analogues à ceux dont il est question
ici. Ils paraissent n'être que le résultat des
épanchements de la matière des filons plomb-
bifères voisins, entre les plans des couches du
calcaire métallifère, et ils contiennent les
mêmes minéraux. Ces masses ne sont ordinairement productives que jusqu'à une certaine
distance du filon, à moins qu'elles ne soient
de nouveau enrichies par la rencontre d'un
filon croiseur.

L'exemple le plus remarquable de ces sortes
de filons est, sans contredit, celui de la Véta-
Madre de Guanaxuato dans la Nouvelle-Es-
pagne. D'après les observations de M. de Humboldt, il est inclus dans un schiste argileux,
qui repose sur les granites de Zacatecas et du
Peñon-Blanco. Ce schiste passe à de grandes
profondeurs à un schiste talqueux et à la
chlorite schisteuse. On y rencontre encore
des couches ou plutôt des filons intercalés de
syénite, de schiste amphibolique et de serpentine.

Cet ensemble est encore accompagné par
un porphyre, formant des masses pierreuses
gigantesques, élevées de trois à quatre cents

mètres au-dessus du sol environnant et qui se présentent de loin comme des ruines de murs et des bastions. Ce porphyre a générale- ment une teinte verdâtre. Sa pâte est ordi- nairement un feldspath compacte et présente du feldspath vitreux., mais peu d'amphibole, de quartz et de mica.

Le filon de la Véta-Madre parcourt tout cet ensemble sur une longueur de plus de 12,000 mètres; cependant la portion la plus productive s'est trouvée concentrée sur un espace de 2600 mètres, contenu entre les puits de l'Esperança et de Santa Anita; c'est dans cette partie que sont comprises les mines de Valenciana, Tepeyac, Cata, San Lorenzo, Animas, Mellado, Fraustros, Rayas et Santa Anita, qui à différentes époques ont joui d'une grande célébrité.

Sa puissance varie comme celle de tous les filons de l'Europe. Lorsqu'il n'est pas ramifié, il n'a communément que 12 à 15 mètres de largeur. Quelquefois il est étranglé, même jusqu'au point de n'avoir plus qu'un demi- mètre de puissance. Le plus souvent il est par- tagé en trois masses, qui sont séparées ou par des bancs de roche, ou par des parties de la gangue presque dépourvues de métaux. Dans la mine de Valenciana il a été trouvé sans ramification, avec une puissance de sept mè- tres de largeur depuis la surface jusqu'à 170 mètres de profondeur. A ce point il se divise en trois branches, et sa puissance, en comptant du mur au toit de la masse entière, est de 5o et quelquefois même 6o mètres.

De ces trois branches il n'y en a généralement qu'une qui soit riche en métaux ; nouvel exemple de cette corrélation de richesse des filons, du mur et du toit, dont nous avons déjà parlé (pages 100 et 101). Quelquefois, lorsque les trois branches se rejoignent et se traînent comme à Valenciana, près du puits de San Antonio, à 3oo mètres de profondeur, le filon offre d'immenses richesses sur une puissance de plus de vingt-cinq mètres. Dans la *Pertinencia de San Leocadia* on observe quatre branches, et une fente dont l'inclinaison est de 65°, se sépare de la branche inférieure pour couper les feuillets de la roche du mur.

Ces phénomènes et le grand nombre de druses garnis de cristaux d'améthyste, que l'on trouve dans les mines de Rayas, et qui affectent les directions les plus différentes, suffiraient pour prouver que la Véda-Madre est un filon et non une couche.

A Valenciana, les minérais riches ont été les plus abondants entre 100 et 34o mètres de profondeur au-dessous de l'embouchure de la galerie. A Rayas, celte abondance s'est montrée dès la surface du sol ; mais aussi la galerie de Valenciana, d'après les mesures de M. de Humboldt, est percée dans un plan qui

est de 156 mètres plus élevé que l'embouchure
de la galerie d'écoulement de Rayas; ce qui
peut faire croire que le dépôt des grandes richesses de Guanaxuato se trouve dans cette
partie du filon entre 2130 et 1890 mètres de
hauteur absolue au-dessus du niveau de
l'Océan.

Les substances minérales qui constituent la
masse du filon de Guanaxuato, sont le quartz
commun, l'améthyste, le carbonate de chaux,
le spath perlé, le hornstein écailleux, l'argent
sulfuré et natif, ramuleux, l'argent noir pris-
matique, l'argent rouge, de l'or natif, de la
galène argentifère, de la blende brune, du
fer spathique et des pyrites ferrugineuses et
cuivreuses.

On y trouve encore, mais plus rarement,
du feldspath cristallisé, de la calcédoine, de
petites masses de chaux fluatée, du quartz
filamenteux, du fahlerz et du plomb carbonaté bacillaire.

Pour donner une idée de la richesse métallique incluse dans ce filon, il suffira de
rappeler que la mine de Valenciana, pendant
un espace de quarante ans, n'a jamais cessé
de donner à ses propriétaires moins de deux
à trois millions de francs de profit annuel,
et la somme d'argent extraite s'élevait à plus
de quatorze millions. Cependant cet énorme
produit est dû bien plutôt à la grande facilité de l'exploitation et à l'abondance des mi-

nérais qu'à leur richesse intrinsèque, qui ne dépasse pas celle des masses du même ordre de l'Europe.

Le percement et le muraillement des trois anciens puits de tirage ont coûté près de six millions.

La consommation de la poudre seule a été de 400,000 francs par an ; celle de l'acier pour les pointerolles et les fleurets, s'est montée à 150,000 francs, et, enfin, trois mille individus sont employés aux divers travaux.

Après ces exemples il serait sans doute superflu de nous arrêter plus longuement sur ces sortes de gîtes métallifères. Cependant, comme nous envisageons le phénomène des filons sous un coup d'œil général, nous ne pouvons pas nous dispenser d'observer que les roches cristallines non stratifiées offrent très-souvent le même mode d'intercalation entre les strates d'un terrain sédimentaire. Cet épanchement a été la cause d'une foule d'erreurs en géologie et a fait considérer naturellement les masses minérales injectées comme n'étant que le résultat d'une alternance de dépôts, dont la nature était d'ailleurs tout-à-fait incompatible. C'est ainsi que pendant long-temps on a cru que les masses trappéennes (whinsill et toadstone), qui alternent à plusieurs reprises avec les couches horizontales du calcaire carbonifère et du terrain houiller du Cumberland et du Derbyshire, faisaient partie

des formations calcaires et houillères, jusqu'à
ce que M. le professeur Sedgwick eût émis
formellement l'opinion qu'elles n'avaient été
injectées que postérieurement entre les couches des terrains encaissants.

Nous avons été à même d'observer de pareils
faits à la grande cascade du Mont-Dore. Les
assises du conglomérat trachytique y sont traversées horizontalement par trois bancs de
trachyte gris, subvitreux, à division prisma-
tique verticale et dont l'âge est infiniment
plus récent, puisque partout ailleurs il surgit
au travers de toutes les masses de trachyte
porphyroïde superposées aux conglomérats.
Cependant l'illusion est telle qu'il est difficile
de s'en défendre au premier aspect. Ce n'est
qu'en étudiant soigneusement leur relation
et en suivant les nombreux rameaux qui partent d'une des masses pour rejoindre les autres, qu'il est possible de revenir de l'erreur
dans laquelle aurait jeté une observation superficielle.

Ayant, du reste, appuyé dans plusieurs circonstances sur la disposition analogue que
présentent quelquefois les porphyres quartzifères, les syénites, les serpentines, et en général toutes les roches non stratifiées, il devient inutile d'entrer dans de plus amples
détails sur ce sujet.

OBSERVATION.

Nous avons exposé dans ce qui précède, toutes les formes, toutes les dispositions principales et tous les caractères connus que les masses métalliques non stratifiées ont offerts jusqu'à présent. Il nous resterait encore, pour compléter ce travail, à entrer dans le détail de celles qui sont réellement stratifiées; mais comme elles sont souvent très-bien décrites dans les traités de géologie, aux articles des terrains respectifs, nous croyons pouvoir nous dispenser d'en parler.

Nous nous étions encore proposé d'entrer dans la discussion des diverses théories chimiques de remplissage des filons par fusion, par sublimation et par voie aqueuse, en appliquant chacune d'elles, autant que possible, à son point convenable, et non en les confondant les unes avec les autres par des généralisations, repoussées par les faits, parce qu'elles sont évidemment déduites de l'examen de circonstances particulières que l'on a appliquées à un ensemble qui en est absolument indépendant.

D'un autre côté, l'étude bien plus positive des modifications qu'un grand nombre d'espèces minérales éprouvent encore chaque jour, et pour ainsi dire sous nos yeux, devait

appeler notre attention à d'autant plus juste
titre, que beaucoup de filons ne se présentent
plus avec leurs caractères primitifs, notamment à leurs affleurements, et qu'il en résulte
des conséquences essentielles, tant pour l'exploitation que pour les recherches des minérais.

Nous croyons que les faits nombreux que
nous avons recueillis à ce sujet dans nos travaux et dans les observations des autres minéralogistes, n'auraient pas été dépourvus de
cet intérêt qui s'attache à tous les phénomènes de la nature, quelle que soit d'ailleurs la
manière dont on les interprète.

Il suffira, pour en apprécier toute l'importance, d'observer qu'ils proviennent de la
complication des actions que l'oxigène, l'eau,
l'acide carbonique, tant intérieur qu'extérieur, peuvent exercer sur des corps aussi
divers que ceux qui remplissent les filons, et
qu'il en résulte l'oxidation, la vitriolisation,
la nitrification et la conversion en hydrates,
hydrosilicates, en carbonates, arséniates, oxi-
sulfures, etc., d'une multitude de substances
originairement toutes différentes. Si l'on y
ajoute les réactions produites par les épigé-
nies et quelques autres causes encore obscures
pour nous, en ce que la nature nous cache
encore le principe modificateur, il devient
facile de voir qu'il nous était possible d'embrasser dans cette étude la théorie de la for-

mation de près de la moitié des espèces connues; mais les retards que ce traité a éprouvés
dans son impression, nous ont rejeté à une
époque où des devoirs d'un autre ordre ré-
clament tous nos instants, et c'est avec regret
que nous abandonnons momentanément ce
champ si vaste, si fertile, si riche en applications diverses et si digne, en un mot, de fixer
l'attention d'un géologue chimiste.

TABLE
DES MATIÈRES.

ÉTUDES SUR LES DÉPOTS MÉTALLIFÈRES.

FIN.

1775

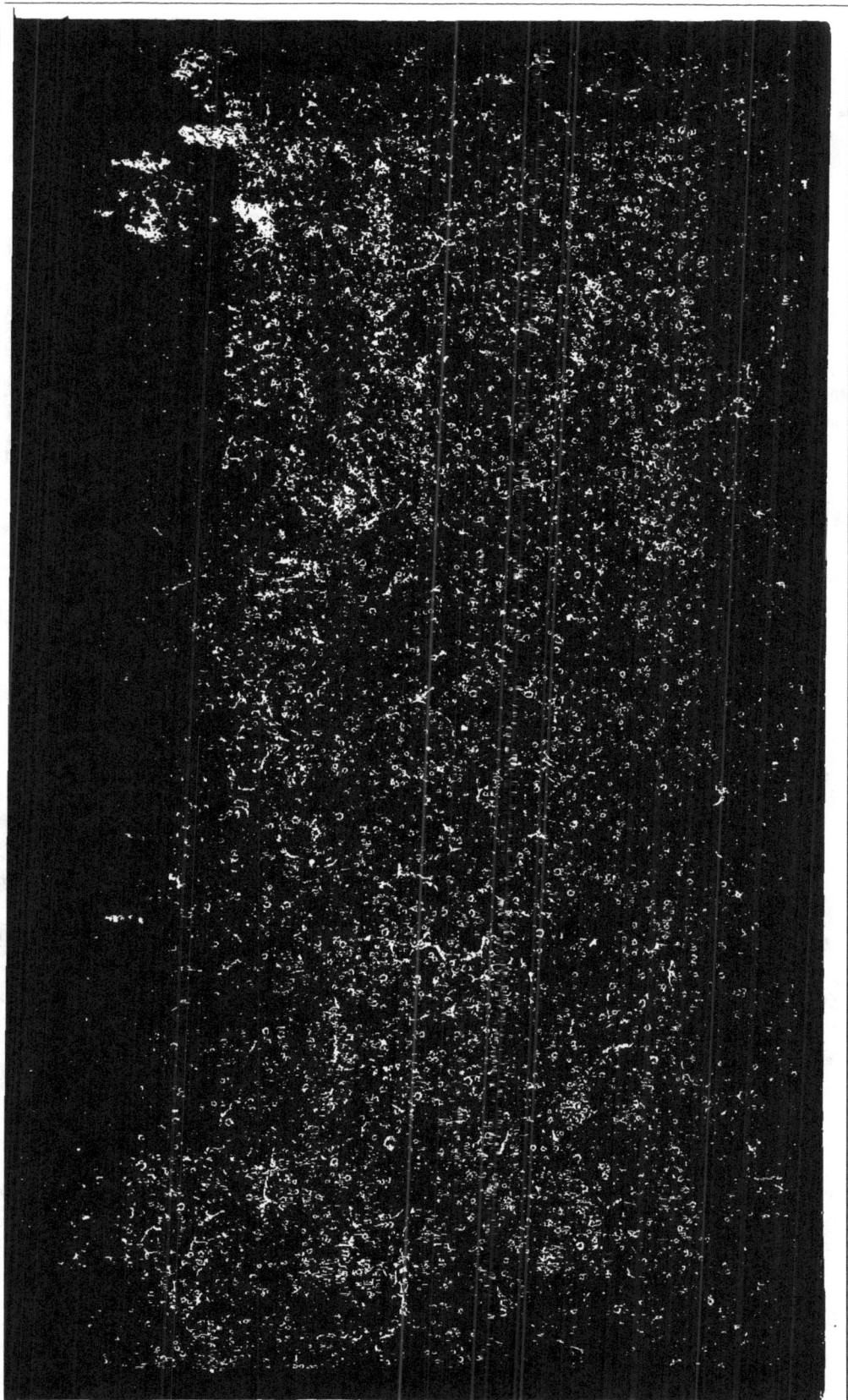